きちんと知りたい!

モータの原理としくみの基礎知識

176点の図とイラストでモータのしくみの「なぜ?」がわかる!

白石 拓[著]
Shiraishi Taku

日刊工業新聞社

はじめに

小学生のとき、モータは恰好の遊び道具でした。船のプラモデルを作っては、付属のモータを取り付けて池に浮かべ走らせました。戦車も自動車も走らせて悦に入っていました。50年以上前のことですが、電池とモータで飛ぶヘリコプターは（たぶん）なかったので、自作して飛ばすことに挑戦もしました。機体をできるだけ軽くするためにバルサ（サッカーのFCバルセロナではない）と呼ばれる軽くて柔らかな木材で作り、プロペラを取り付けました。しかし、単3電池が重すぎるのか、ヘリコプターはピョコピョコ跳ねるだけで飛ぶことはありませんでした。

中身はどうなっているだろうと、モータを分解したこともあり、巻かれているエナメル線がとても長いことに驚いたり、磁石を取り出して得した気分になったりした記憶があります。こうした遊びがものづくりへの興味を膨らませたと思います。しかし、小学生の私は、モータが回るしくみを調べたり、モータを作ってみようとすることはなく、遊びは遊びで終わってしまいました。歴史に名前を残す偉い科学者・技術者たちはきっと図書館に通ってモータについて深く調べたり、モータを手作りしたりするような子どもだったのでしょう。

◉裏ではモータが動いている

50年前にすでにそうだったのかもしれませんが、モータは世の中を埋めつくし、社会になくてはならないものになっています。身の回りでどこかしら動いている電気製品にはすべてモータが入っています。この原稿を書いている深夜の今、冷蔵庫が急にブーンという音でうなり始めましたが、コンプレッサーが動き出したからであり、冷蔵庫のように見た目は動かないものでも実は内部でモータが動いているのです。

本文でも触れましたが、世界で消費されている電力のうち、驚くべきことに4～5割はモータに使われています。電灯ではなく、モータなのです。モータこそが産業界を、ひいては文明社会を牽引しているのです。

政府が主導してモータの省エネ化を進めていますが、それもわかりますね。1台のモータのエネルギー効率をほんのわずかでも高めることができれば、世界中でとてつもない量のエネルギーを節約でき、地球環境に計り知れないプラスの影響を与えることは間違いありません。

◉楽しみながら味わうモータの世界

モータが誕生しておよそ200年が経ち、その間に新しいしくみの製品が次々に開発されてきました。いまやモータの種類も膨大になり、どのようなモータがどこで使われているのか、整理するのもひと苦労な状況です。

そこで本書では、モータをイチから学びたい読者に、モータの種類をわかりやすく提示し、それぞれのモータについて構造と特徴、回転原理などを丁寧に説明しています。それと同時に、そもそもなぜモータが回るのか、モータ誕生の歴史を追いながら、物理学の基礎を図解しています。

モータは回転するだけではありません。直線的に運動するモータもあり、JRの超電導で磁気浮上するリニアモーターカーも開業間近です。また、モータには電気以外で作動するものもあり、本書ではそのような特殊なモータについてももらさず解説しています。さらに、実用化はまだ先ですが、近い将来ナノメートルサイズの極小モータを実現するために研究が進んでいる、生物が持つ分子モータについても紹介しています。

本書はモータの基礎を学ぶためのものですが、モータの上っ面をなでただけの本では決してありません。基礎知識がしっかり得られ、疑問が解決され、次なる勉強に確実につながる内容になっていると自負しています。読者の皆様には楽しみながらモータの世界を味わっていただけることを信じています。

2021年9月吉日　　白石　拓

きちんと知りたい! モータの原理としくみの基礎知識

CONTENTS

第2章
電磁モータの構造と性能

第3章
電磁モータの運転と保護

第4章
DC（直流）モータの種類としくみ

第5章
スイッチング制御で作動するモータ

第6章
AC（交流）モータの種類としくみ

第7章
産業用特殊モータとこれからのモータ

第1章

モータはなぜ回るのか？

Why does the motor work ?

1-1 エンジンもモータ?

モータといえば電気モータのことだとばかり思っていました。けれども、エンジンもモータであると聞きました。モータとは本来どのような意味なのですか?

オートバイは「モータサイクル」

私たちの身の回りにはモータがあふれています。家庭内でも扇風機や洗濯乾燥機のようにクルクル回っている製品のみならず、エアコンやトイレの温水便座、パソコン、スマートフォンにもモータが使用されています(図)。モータは何らかの動作をするほぼすべての工業製品に搭載されており、自動車などは(電気自動車でなくても)モータの展示場といえるほどに多彩なモータを数多く搭載しています。もちろん、産業現場ではさらに多種多様なモータが活躍しています。

そんな現代社会に欠かせないモータですが、一般に「モータ」といえば電気で回転する電気モータ(電動モータ)が思い浮かびます。しかし、「モータ」の語源はラテン語で「動かす」という意味の「moto」であり、モータとは「原動機」を意味し、必ずしも電気モータのことだけを示すわけではありません。

その証拠に、英語で「motorcycle(モータサイクル)」はオートバイのことをいい、「motor race(モータ レース)」はオートバイや自動車レースを指します。つまり、エンジン(内燃機関)もモータなのです。もちろん、現在は電気モータで走るオートバイや自動車もありますが、電気モータでもエンジンでも動力源になっている機関がモータです。同様に、蒸気機関車の蒸気機関もまたモータといえます。

電磁モータは「機械産業の米」

ただし、本書ではエンジンや蒸気機関を扱わず、主として電気エネルギーで駆動するモータ、とくに電気と磁気の相互作用によって回転力を得るモータを中心に説明します。そして、これを電気モータあるいは電動モータといわずに、**電磁モータ**と呼称することにします。というのは、ほとんどの電気モータは電磁モータだからです。また、電気エネルギーで動くモータにも、電磁作用を利用するのではなく、電気エネルギーを超音波振動に変えたり、静電荷の引力・斥力(せきりょく)(反発力)を利用したモータも存在するので、それらと区別します。

実は、電磁モータに使われる電力は世界中で消費されている電力の4割以上を占めるといわれています。それほど電磁モータは社会の重要部品であり、半導体が「産業の米」と呼ばれることになぞらえれば、モータは「機械産業の米」ともいえます。

家電製品や自動車に使用されているモータ

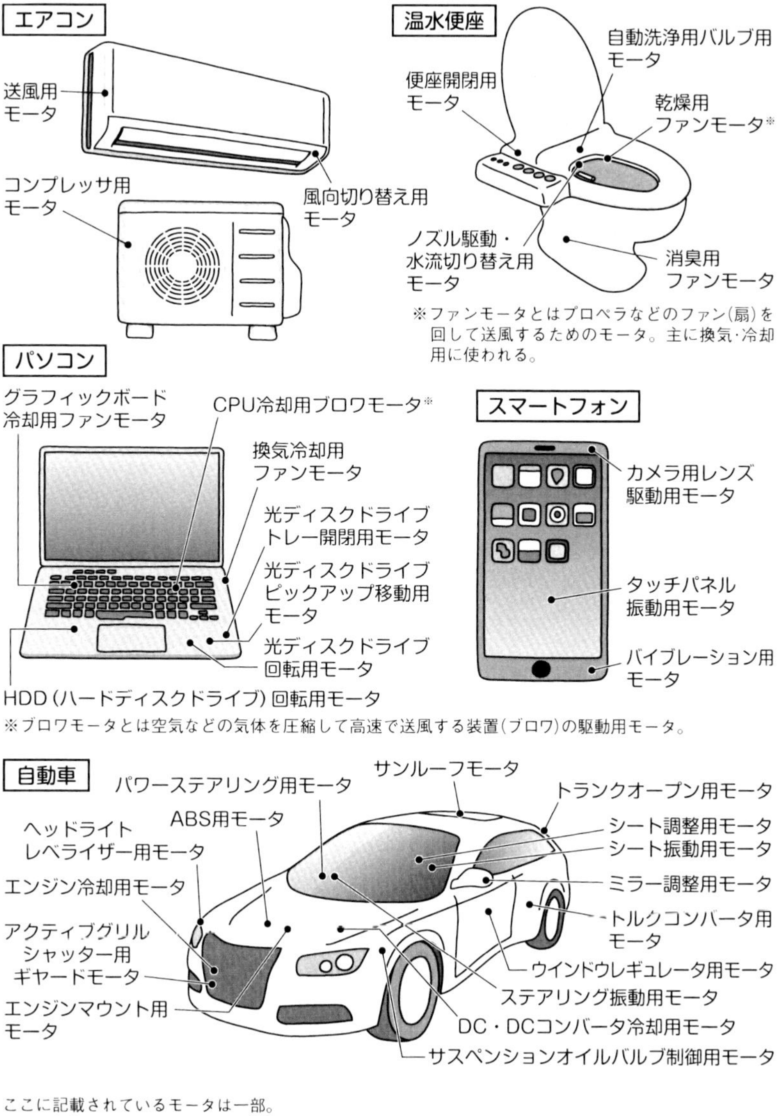

※ファンモータとはプロペラなどのファン(扇)を回して送風するためのモータ。主に換気・冷却用に使われる。

※ブロワモータとは空気などの気体を圧縮して高速で送風する装置(ブロワ)の駆動用モータ。

ここに記載されているモータは一部。
図に描ききれないモータがほかにも数多く使用されている。　日本電産(株)の図を参考に作成

POINT

◎本来、モータとはものを動かす原動機のことをいう
◎電磁モータは回転や移動だけでなく、あらゆる動作に使用されている
◎モータは機械に必要不可欠のデバイスであり、機械産業の米といえる

1-2

電磁モータの歴史

電磁モータはいつ頃誰が発明したのでしょうか？　また、生物もモータを持っていると聞きましたが、それは何でできていて、大きさはどれくらいなのでしょうか？

◤始まりは電流による磁気作用の発見

電磁モータは電気と磁気の相互作用によって生じる力で駆動します。その研究開発の歴史は、デンマークの物理学者で化学者でもあったハンス・C・**エルステッド**（1777–1851）が、1820年に電流によって磁界が生じる現象を発見したことに始まります。そして、一度突破口が開かれると、後は雪崩を打ったように新発見や新発明が続きました。

表に、電磁モータの誕生期における発見と発明の歴史を示しましたが、これを見れば1820年代に次々と画期的な成果が挙がったことがわかります。中でも、フランスの物理学者・数学者のアンドレ＝マリ・**アンペール**（1775–1836）とイギリスの物理学者・化学者のマイケル・**ファラデー**（1791–1867）の功績はとりわけ偉大なものです。しかしいずれにしろ、非常に多くの科学者が電気と磁気の研究に心血を注いだ結果、電磁モータの理論とメカニズムの基盤が19世紀にほぼ確立されました。

なお、誰がいつ何を発見・発明したかについては諸説あり、表はそのうち有力と思われる説に基づいています。

◤生物もモータを持っている

一方、電磁力や電気力とは別の駆動力で動作するモータの開発も、多岐にわたって進められてきました。光を照射することで動く**光モータ**〈➡ p166〉や、流体の圧力を利用して駆動する**圧力モータ**〈➡ p164〉、形状記憶合金を使った**アクチュエータ**などです。アクチュエータ（actuator）とは「駆動装置」を意味し、モータもその一種であり、モータを組み込んだ駆動装置もアクチュエータと呼ばれます。つまり、モータはアクチュエータですが、アクチュエータすなわちモータではありません。

また、近年研究がとみに活発なのが**分子モータ**〈➡ p168〉です。分子モータは細胞が持っているナノサイズ（1ナノメートルは10億分の1メートル）の生体分子で、多くはタンパク質からなります。分子モータには細胞内ではたらいているものや、単細胞生物が移動するのに使うべん毛（鞭毛）やせん毛（繊毛）などがあります。分子モータの研究はナノテクノロジー発展への貢献が期待されています。

電磁モータの歴史年表

年	発見・発明	解説ページ	人名	(国名)
1820	導線に電流を流すと近くの磁針が振れる現象を発見	p14	ハンス・C・エルステッド	デンマーク
1820	電流を流した2本の導線間に力が生じることや、導線の周囲にできる円状磁界の「右ねじの法則」を発見	p14	アンドレ=マリ・アンペール	フランス
1820	コイルの発明	p14	ヨハン・S・C・シュヴァイガー	ドイツ
1820	電流と磁界の大きさの関係を示す「ビオ・サバールの法則」を共同で発見	p20	ジャン=バティスト・ビオ/フェリックス・サバール	フランス/フランス
1820	電流を流した導線の側に置いた鉄が磁石になることを発見	p22	ジョセフ・L・ゲイ=リュサック	フランス
1820	電磁石を発明	p22	D・フランソワ・J・アラゴ	フランス
1820	電磁作用を利用した回転装置を考案	p24	ウィリアム・H・ウォラストン	イギリス
1821	世界初の電磁回転装置(電磁モータ)を発明	p24	マイケル・ファラデー	イギリス
1822	電流を流した2本の導線間にはたらく力の大きさを数学的に解明	p22	アンドレ=マリ・アンペール	フランス
1823	馬蹄形の実用電磁石を発明	p22	ウィリアム・スタージャン	イギリス
1824	磁石の動きで円板が回転する「アラゴの円板」の原理を発見	p24	D・フランソワ・J・アラゴ	フランス
1831	ファラデーの電磁誘導の法則を発見	p26	マイケル・ファラデー	イギリス
1834	誘導電流が磁石の動きを妨げる方向に流れる「レンツの法則」を発見	p26	ハインリヒ・F・E・レンツ	ロシア(ドイツ人)
1834	ブラシモータ(整流子モータ)を発明	p74	モリッツ・H・V・ヤコビ	ロシア
1836	実用可能レベルの直流ブラシモータを発明	p74	トーマス・ダベンポート	アメリカ
1882	二相交流モータの原理を発見	p98	ニコラ・テスラ※	(フランス)
1885	フレミングの法則(右手の法則、左手の法則)を発見	p28	ジョン・A・フレミング	イギリス
1888	単相交流モータを製作	p138	ニコラ・テスラ※	(アメリカ)

※ニコラ・テスラはオーストリア帝国(現クロアチア)生まれ。フランス居住中に単相交流モータを開発し、その後渡米。

発見・発明年は諸説ある中の有力候補。同年内の発明・発見は、月別の時系列に並べたものではない。

POINT

◎電磁作用研究の扉を開いたのはエルステッドである

◎アンペールは電磁作用によって生じる力の大きさを数学的に解明した

◎ファラデーは電磁誘導の法則を発見した

1-3 電流の磁気作用

電流と磁気の相互作用について考えるとき、まず「右ねじの法則」が思い浮かびますが、このほかの重要な知識としてどのようなものがあるのでしょうか？

◩導線の回りで磁針が振れた！

前ページの年表に記載した発明・発見は、どれも今日の電磁モータ隆盛につながる重要なものばかりですので、各内容について簡単に説明していきましょう。

電流と磁気の相互作用について、世界で初めて報告したのはエルステッドでした。エルステッドは1820年、導線に電流を流したときに傍らの磁針が振れることを確認し、電流が流れる導線の回りに円状の磁界ができることを報告しました。

歴史的には、電気が磁針の向きを変える可能性を、1802年にイタリアのジャン・D・**ロマニョージ**（1761-1835）がすでに見出していました。しかし、彼が実験したのは静電荷についてであり、電流を扱いませんでした。加えて、ロマニョージは哲学者であり科学者ではなかったために、彼の研究は科学誌ではなく新聞で報じられただけで、科学界では注目されませんでした。

エルステッドの実験がヨーロッパ中に伝えられると、瞬く間に全土で電流と磁界の研究が過熱しました。**アンペール**はすぐさま導線の周囲にできる磁界の向きを調べ、電流の方向に対して右回りであることを確かめました（上図）。この規則性は、右に回すと前進する右ねじになぞらえて**右ねじの法則**と呼ばれています。

実は、当時はまだ電流の向きを知る術がありませんでした。そこでアンペールは、陽電気が流れる向きを電流の向きとし、磁針の振れで決定することを提案しました。現在「電流はプラスからマイナスに流れる」とされているのは、ここに由来しています。

◩コイルの発明

ドイツの科学者ヨハン・S・C・**シュヴァイガー**（1779-1857）は、直線状の導線の上でも下でも横でも磁針が振れることから、1本の導線に電流を流すより、導線を何回も巻けば、その中の磁界の強さが増倍し、磁針が振れる効果が増すだろうと考えました。これは実質的に、電磁石に欠かせない**コイル**（下図）の発明といえ、はたして予想どおり磁界の強さが増大して磁針が大きく振れました。

なお、シュヴァイガーの増倍器は、今日広く普及しているアナログ指針形の電流計・電圧計の原型となりました。

直線電流の回りにできる磁界

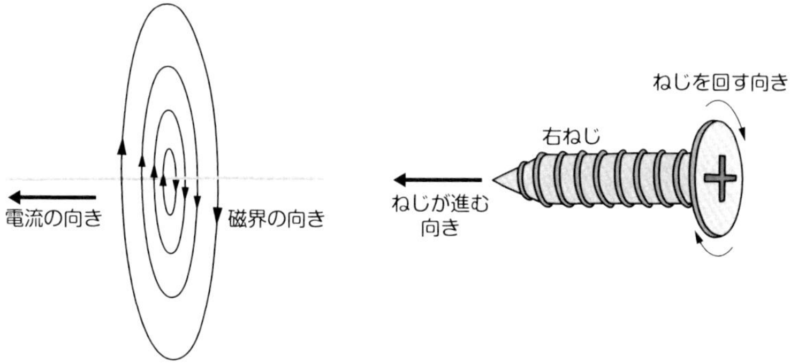

直線状の導線に電流を流すと、導線の周囲に円状の磁界ができる。その磁界の向きは電流の向きに対してつねに右回りで、これを右ねじの法則という。

コイルに流れる電流による磁界

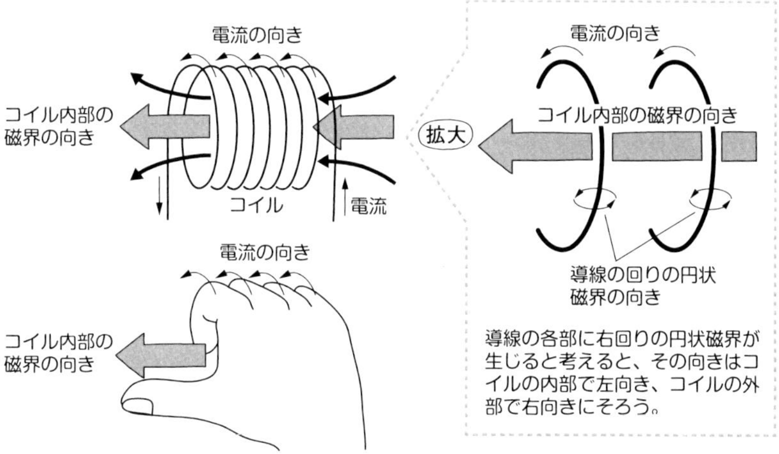

《磁界と磁場》
磁力がはたらく空間を、工学では磁界、理学では磁場と呼ぶことが多いが、同じものである。電界と電場も同様。

右手の指の根元から指先に向けて電流が流れるようにすると、立てた親指の方向がコイル内部の磁界の向きを示す。これを右手の法則と呼ぶこともあるが、ファラデーの右手の法則とは別物である。

POINT
◎導線に電流を流すと周囲に円状の磁界ができる(エルステッド)
◎その円状磁界の向きは右ねじの法則に従う(アンペール)
◎コイルの中の磁界は直線状の導線1本の磁界より強くなる(シュヴァイガー)

1-4 磁力はなぜ生じるか

電磁石は導線に電流が流れることで磁石になります。では、電流が流れるわけでもないのに、永久磁石はなぜ磁力（磁性）を持っているのですか？

◩永久磁石の磁性は電子に由来

電磁モータの多くは、永久磁石を使用します。そこでしばし電磁モータの歴史から離れて、永久磁石の**磁性**（**磁気モーメント**）について簡単に説明します。

ロマニョージ〈➡p14〉は静電気を研究したため、電気による磁界の発生を正しく確認することはできませんでした。というのは、エルステッド〈➡p12〉が発見したように、電流が流れないと磁界が生じないからです。つまり（マイナスの）電荷を持った電子が移動する（電流が流れる）ことで初めて磁界が発生するのです。

では、電流が流れてもいない**永久磁石**がなぜ磁性を持っているかというと、あらゆる原子にはプラスの電荷を持った原子核があり、古典力学の描写ではその回りを電子が**軌道運動**をしていて（上図）、この軌道運動が電流が流れることと同じ効果を生み、磁性を生じさせるからです。

一方、量子力学によれば、電子は**スピン**という一種の自転運動を有しており（上図）、これもまた磁性を生みます。スピンには上向きと下向きの2種類があり、磁性が逆になります。また、スピンは電子のみならず、陽子や中性子、そしてクォークなどの素粒子も有しており、つまりこれらの粒子はすべて磁性を持つ超ミニ磁石となっています。そして、電子の軌道運動や各種粒子のスピンが生む磁性のうち、原子の磁性に最も強く影響を及ぼしているのが**電子のスピン**です。

◩電子軌道と不対電子

原子核を回る電子の軌道を**電子軌道**（または**原子軌道**）といい、s軌道、p軌道（×3方向）、d軌道（×5方向）、f軌道（×7方向）……があります。また、それらの電子軌道の集まりを**電子殻**といい、原子核に近いほうからK殻、L殻、M殻、N殻……といいます（下図）。電子は基本的にエネルギーの低いK殻から順に入ります。ただし、同じ軌道にはスピンの向きが逆の電子が2個ずつしか入ることができません。スピンの方向が磁性の向きを決めますので、逆向きの一対の電子が入った軌道では電子スピンによる磁性が打ち消し合います。

しかし、原子によっては電子が1個しか入らない軌道があり、この孤立した電子を**不対電子**といい、原子の磁性の最大要因となります（下図）。

原子の磁性の源

電子の軌道運動

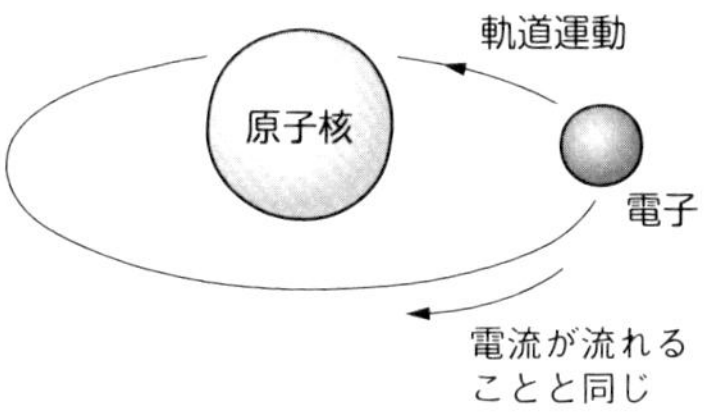

電子が軌道運動することに
よって磁性が生じる。

電子のスピン

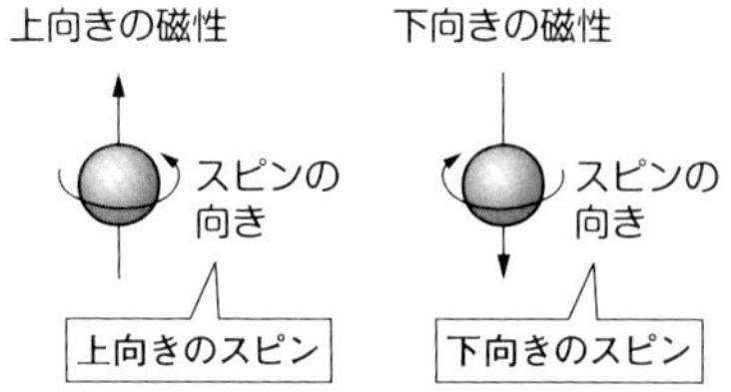

電子のスピンには上向きと下向き
があり、それによって磁性の向き
が決まる。

電子殻と電子軌道

電子殻

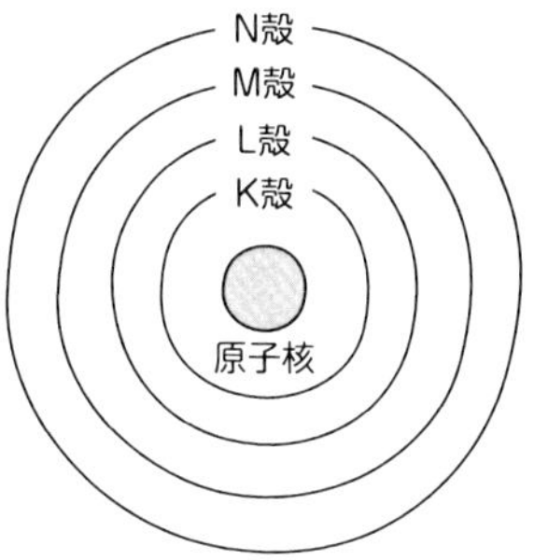

それぞれの電子殻に含まれる
電子軌道は、

K殻＝1s
L殻＝2s、2p
M殻＝3s、3p、3d
N殻＝4s、4p、4d、4f

電子軌道の形

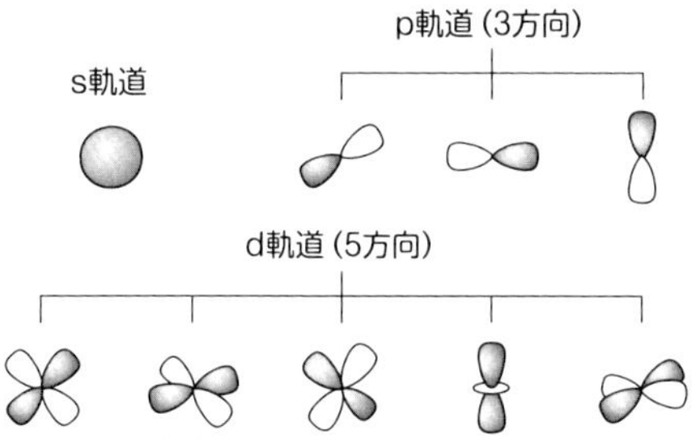

※f軌道は省略

各電子軌道には、スピンが逆向きの1対の電子が
入ることができるので、各電子殻の最大電子数は、

K殻＝2個
L殻＝2＋（2×3）＝8個
M殻＝2＋（2×3）＋（2×5）＝18個
※N殻は省略

POINT

◎電子は原子核の回りの電子軌道を周回（軌道運動）している
◎原子の磁性を決めるのは電子の軌道運動より電子スピン
◎各電子軌道には2個の電子が入るが、磁性を発揮するのは不対電子

1-5 物質の磁性

鉄くぎは磁石でもないのに、なぜ磁石にくっついたり、磁石になったりすることができるのですか？　また、強磁性体、常磁性体、反磁性体の違いは何ですか？

◩磁性の種類

原子が不対電子を持っていても、原子が多数集まって物質をなしたときにどのような磁性を発揮するかは、電子軌道内の電子や自由電子などの間にはたらく複雑な相互作用によって決まります。

たとえば、遷移金属※の電子配置はK殻（s軌道）→L殻（s軌道→p軌道）まで埋まった後、M殻では電子は3s→3p→3dと入らずに、3s→3p→4s（N殻）→3dの順に入ります。それは軌道エネルギーが3dより4sのほうが低いからなのですが、そのため3d軌道の不対電子が磁性に関与します。ところが、銅（Cu）以外の遷移金属がすべて3d軌道に不対電子を持つものの（上図）、金属単体で強い磁性を持つのは鉄（Fe）、コバルト（Co）、ニッケル（Ni）のみなのです。一般に、永久磁石を製造する場合にはこの3元素のいずれかを混合して合金を作ります。

◩強磁性に関与する電子

磁石にくっつく鉄、コバルト、ニッケルなどを**強磁性体**（または単に**磁性体**）といいます。強磁性体は初めから磁性を持っており、これを**自発磁化**といい、電子間の相互作用でスピンの向きがそろった状態になっています。しかし、たとえば鉄クギがそのままでは磁石でない理由は、内部で磁性の向きがそろった区域（**磁区**）が複数あり、各磁区内では原子の磁性の向きがそろっているのですが、他磁区の磁性とは異なる方向を向いており、全体としては磁性が打ち消し合うからです。そこへ磁石を近づけると、その磁界によって**磁壁**（異なる磁区との境）が移動して1つの磁区となり、近づけた磁石にくっつくのです（下図）。そして、外部の磁界を取り除いても磁区が1つのままで、全体の磁性が消えないものが永久磁石です。

一方、アルミニウムやチタンなどに磁石を近づけると、一部の原子の磁性のみが磁界の向きにそろい、ごく弱く磁化されます。このような物質を**常磁性体**といいます。また、外部磁界を打ち消す（外部磁界と反対）向きに磁化される物質を**反磁性体**といい、銅や亜鉛などがあります。もっとも、すべての物質が反磁性を持っているものの、強磁性体や常磁性体では打ち消されて外部に現れません。

常磁性体と反磁性体は、磁性体ではないという意味で**非磁性体**と呼ばれます。

※遷移金属：周期表で、第３族元素から第11族元素の間に存在する元素の総称で、遷移元素ともいう

遷移金属の電子配置

原子	原子記号	原子番号(=電子の数)	電子殻	M殻									N殻
			電子軌道	3s	3p(×3)			3d(×5)					4s
スカンジウム	Sc	21		↑↓	↑↓	↑↓	↑↓	↑					↑↓
チタン	Ti	22		↑↓	↑↓	↑↓	↑↓	↑	↑				↑↓
バナジウム	V	23		↑↓	↑↓	↑↓	↑↓	↑	↑	↑			↑↓
クロム	Cr	24		↑↓	↑↓	↑↓	↑↓	↑	↑	↑	↑	↑	↑
マンガン	Mn	25		↑↓	↑↓	↑↓	↑↓	↑	↑	↑	↑	↑	↑↓
鉄	Fe	26		↑↓	↑↓	↑↓	↑↓	↑↓	↑	↑	↑	↑	↑↓
コバルト	Co	27		↑↓	↑↓	↑↓	↑↓	↑↓	↑↓	↑	↑	↑	↑↓
ニッケル	Ni	28		↑↓	↑↓	↑↓	↑↓	↑↓	↑↓	↑↓	↑	↑	↑↓
銅	Cu	29		↑↓	↑↓	↑↓	↑↓	↑↓	↑↓	↑↓	↑↓	↑↓	↑

※K殻とL殻は5対の電子(計10個)で満杯であり、ここでは省略。表中の矢印がスピンの向きを表す。
※N殻の4s軌道はM殻の3d軌道よりエネルギーが低い。なお、アミの部分は不対電子を示す。
<電子の軌道へ入るときのルール>
①エネルギーの低い軌道から順に入る。K殻→L殻→M殻→N殻……
②1つの軌道には、最大スピンが逆向きの2個の電子が入ることができる。
③同じエネルギー準位の軌道が複数ある場合は、各軌道にスピンの向きが同じ電子が1個ずつ入った後、逆向きスピンの電子が入っていく。

強磁性体の磁区

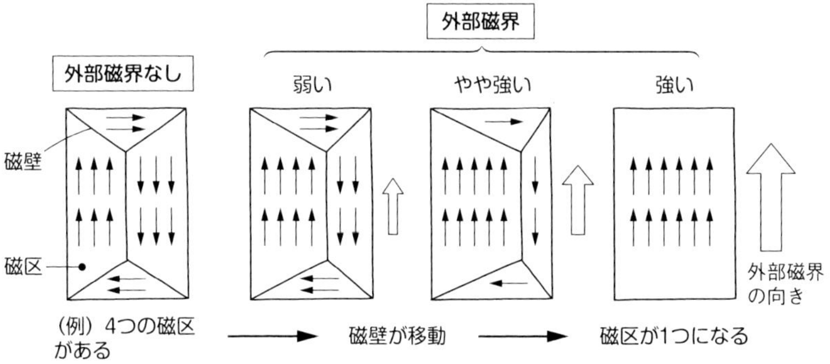

外部磁界を加えると、それと逆向きの磁性の磁区は不安定になり、磁界と同じ向きの磁性を持つ磁区が成長し、磁壁が移動して物質全体が1つの磁区になって強磁性体になる。

POINT
◎遷移金属は不対電子を持つが、強磁性体はFe、Co、Niだけである
◎強磁性体は自発磁化を持つが、複数の磁区に分かれていて、そのままでは全体として磁性を持たない。外部磁界を加えることで磁性を持つようになる

1-6 電気と磁気は同じもの

電流が流れると磁界が生じることはわかりましたが、電流の大きさから磁界の強さを求めることができますか？　また、どうして電気と磁気が同じものといえるのでしょうか？

◩ビオ・サバールの法則とアンペールの法則

電磁モータの歴史の話にもどりましょう。

導線に電流を流すと周囲に磁界ができることが発見されましたが〈➡ p14〉、その磁界の強さを最初に求めたのは、フランスの科学者ジャン＝バティスト・ビオ（1774-1862）とフェリックス・サバール（1791-1841）です。2人は同じ大学に教授として勤める同僚で、1820年に協力して実験を行い、電流の大きさとそれによって生じる磁界の強さとの関係を数学的に明らかにしました。このとき発表した理論を、2人の名をとって**ビオ・サバールの法則**（上図）といいます。

一方、アンペールも独自に電流と磁界の関係を調べ、1822年に**アンペールの法則**を導きました。ビオ・サバールの法則とアンペールの法則は数学的に同等で、実質的に同じものでした。

◩電気と磁気は同一の事象

アンペールは鋭い洞察力で電気と磁気の同一性に気づいており、電磁作用を電気の一元論で説明することを標榜（ひょうぼう）しました。彼は1822年に発表した論文で、「電磁気作用は電流の相互作用として統一的に記述できる」としました。

現在では、電気と磁気は同一の事象を異なる側面から見たものであると解釈されています。その理由は簡単な思考実験で理解できます。たとえば、空間に静止している電子が1個あるとします。静止した電子の回りには電界（静電界）が生じています。ところが、一定速度で直線運動をしている系から見ると、電子が動いている（電流が流れている）ことになるので、その周囲に電界は発生せず、電流の周囲に同心円状の磁界が生じていることになります。

このように、見る立場が変わっただけで異なる事象が起こることはあり得ないので、つまり電界と磁界、電気と磁気は同じものだといえます（下図）。

後に古典電磁気学を確立したイギリスの物理学者ジェームズ・C・マクスウェル（1831-1879）は、アンペールが電磁気学の発展に残した功績を称賛して「電気におけるニュートン」と呼びました。なお、電流の単位A（アンペア）はアンペールにちなみます。

ビオ・サバールの法則

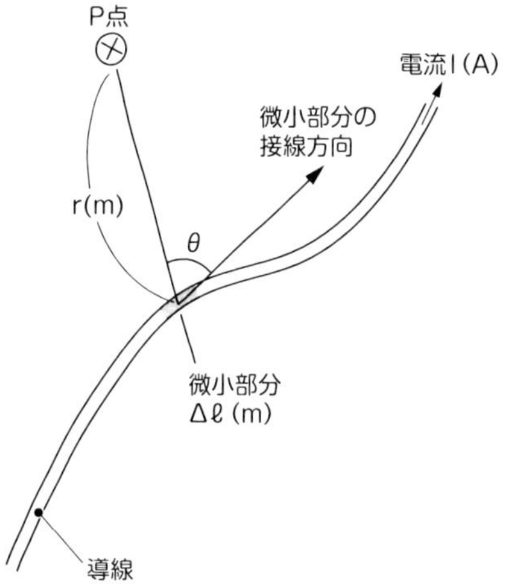

導線に電流I(A)が流れているとき、導線の微小部分Δℓ(m)によってP点に生じる磁界の強さΔH(A/m)は、

$$\Delta H = \frac{I \cdot \Delta \ell \cdot \sin\theta}{4\pi r^2}$$

θはΔℓの接線方向とP点方向がなす角。導線全体によってP点にできる磁界の強さは積分して求める。

電気と磁気は同一事象

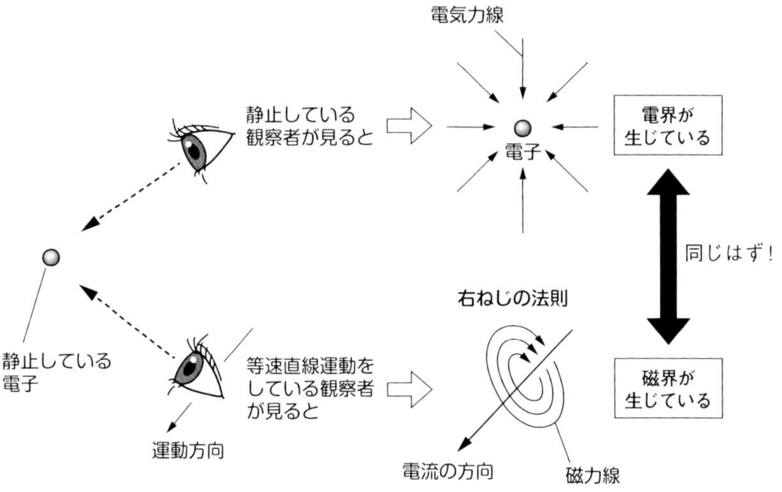

POINT

◎導線の微小部分によって生じる磁界の強さはビオ・サバールの法則から求められる。導線全体によって生じる磁界の強さはそれを積分して求める

◎見る立場を変えることで、電気と磁気が同一事象であることがわかる

1-7 電磁石の発明と電磁作用ではたらくアンペール力

コイルの中に鉄心を入れると、なぜ電磁石になるのですか？　2本の導線に電流を流すとなぜ引力や反発力がはたらくのですか？　また、その力の大きさはどのように計算されますか？

◪電磁石の発明

1820年、フランスの物理学者で化学者でもあったジョセフ・L・ゲイ＝リュサック（1778–1850）は、導線に電流を流すと側にあった鉄が**磁化**されることを見つけました。磁化とは磁性（磁石の性質）を持たないものが磁石になることです〈➡p18〉。

また同年、フランスの科学者で政治家でもあったD・フランソワ・J・アラゴ（1786–1853）はコイル〈➡p14〉に電流を流して、中に置いた鉄が磁化することを確認しました。そして、鉄心に導線を巻き付けて電流を流すと、コイルだけのときより強い磁界が発生することを見つけました。これが世界最初の**電磁石**です。鉄心をコイルに入れることによって磁力が強くなるのは、コイルの磁界によって磁化された鉄の磁力がコイルの磁力にプラスされるからです（上図）。

ただし、実用的な電磁石は1823年にイギリスの物理学者ウィリアム・スタージャン（1783–1850）によって発明されました。スタージャンは馬蹄形の鉄に導線を巻き付けた電磁石で、重さ9ポンド（約4kg）の鉄の塊を持ち上げて見せました。

◪電磁作用ではたらくアンペール力

一方、アンペールは1822年に電流と磁界の相互作用ではたらく力の大きさを世界で初めて数学的に明らかにしました。アンペールは2本の導線を並べて電流を流す実験を行い、導線間にはたらく力について調べました。その結果、同じ向きに電流を流すと2本の導線間に引力がはたらき、逆向きにすると反発力（斥力）がはたらくことを確認しました。この力を**アンペール力**といいます。そして、アンペール力の大きさが2つの電流の積に比例し、導線間の距離に反比例することを突き止めました（下図）。アンペール力の式に磁界は出てきませんが、アンペール力の正体は一方の電流によって生じた磁界の中を流れる他方の電流が受ける力です。電気と磁気の相互作用による力（**電磁力**）を**ローレンツ力**といい、アンペール力はローレンツ力によるものです。

電流の反発は静電荷の反発（**クーロン力**）と似ていますが、クーロン力は同種（＋と＋、または－と－）で反発し、異種（＋と－）で引き合うのに対して、アンペール力は電流が同じ向きで引き合い、逆向きで反発しますので、注意が必要です。

コイルに鉄心を入れると電磁石に

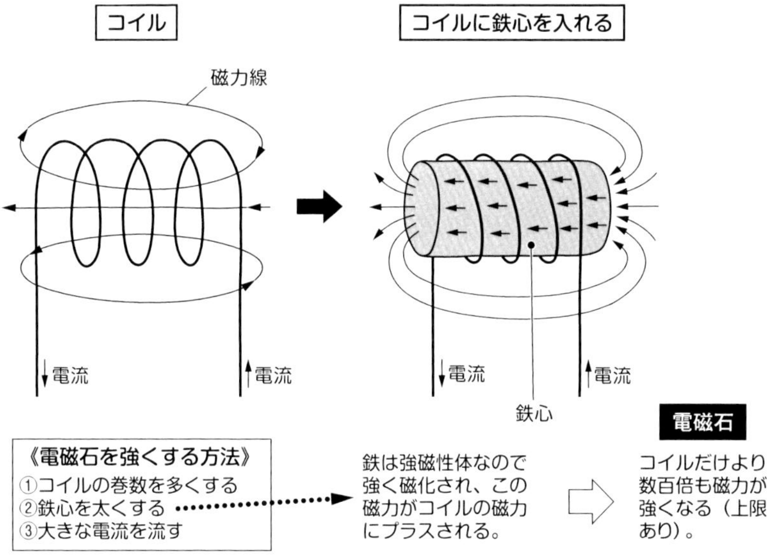

電流間にはたらくアンペール力

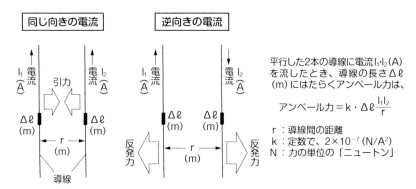

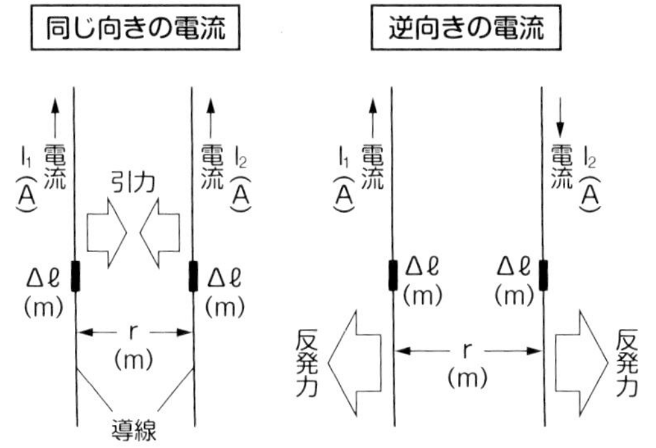

平行した2本の導線に電流$I_1 \cdot I_2$(A)を流したとき、導線の長さΔℓ(m)にはたらくアンペール力は、

$$\text{アンペール力} = k \cdot \Delta \ell \frac{I_1 I_2}{r}$$

r：導線間の距離
k：定数で、2×10^{-7} (N/A^2)
N：力の単位の「ニュートン」

電流が同じ向きに流れているときは引き合い、
逆向きに流れているときは反発し合う。

POINT

◎電磁石は、コイルの磁界によって磁化された鉄の磁力がコイルの磁力にプラスされて強くなる
◎電流間(導線間)にはたらく力をアンペール力という

1-8 ファラデーモータとアラゴの円板

今の電磁モータにつながる世界で最初のモータは、誰が発明したのですか？　また、それはどのようなしくみで、どんなふうに動いたのでしょうか？

◩世界初の電磁モータ、ファラデーモータ

電磁作用が動力源（つまり、モータ）になることを思いついたのは、イギリスの科学者ウィリアム・H・ウォラストン（1766–1828）でした。ウォラストンはエルステッドの実験〈➡p14〉を追試する過程で、電流によって磁針が振れるなら、電流で持続的な回転運動を起こすことができるのではないかと考えました。そして試作機を作って、イギリスの化学者で発明家でもあったハンフリー・デービー（1778–1829）のもとを訪れました。

このとき、デービーの実験助手を務めていたのがファラデーでした。ファラデーも話し合いに加わり、ウォラストンの発想からヒントを得て、1821年独自の電磁回転装置を製作しました。ファラデーの電磁回転装置には、針金が回転するものと、永久磁石が回転するものの2つが組み合わさっており、どちらも電池から供給された電流が永久磁石の磁界によってローレンツ力を受けて回転します（上図）。ファラデーが作ったこの回転装置は実質的に世界で最初の電磁モータといえ、**ファラデーモータ**と呼ばれています。

ちなみに、デービーもすぐれた科学者でしたが、ファラデーの才能に嫉妬（しっと）しました。しかし、後年「私の最大の発見はファラデーだ」との言葉を残し、彼を認めました。

◩アラゴの円板

一方、電磁石を発明したアラゴ〈➡p22〉は、1824年に後に**アラゴの円板**と呼ばれる電磁気現象を発見しました。発見の経緯には諸説ありますが、そのうちの1つの説によると、アラゴのもとに出入りしていた測定器メーカーの業者が、磁針の下に銅板があるときと木板があるときで針の動きが違うことに気づき、それをアラゴに伝えたことから始まります。アラゴはこの奇妙な現象を確かめるために実験を行い、銅板を回転させると磁針が引きずられて振れ、逆に磁針を回転させると銅板が回転することを確認しました（下図）。

アラゴの円板は、現在の誘導モータ〈➡p128〉の原理モデルになりました。ただし、当時アラゴの円板の現象がなぜ生じるかについての理由は謎で、その正確な説明は、1831年にファラデーの電磁誘導の法則〈➡p26〉によってなされました。

ファラデーモータ

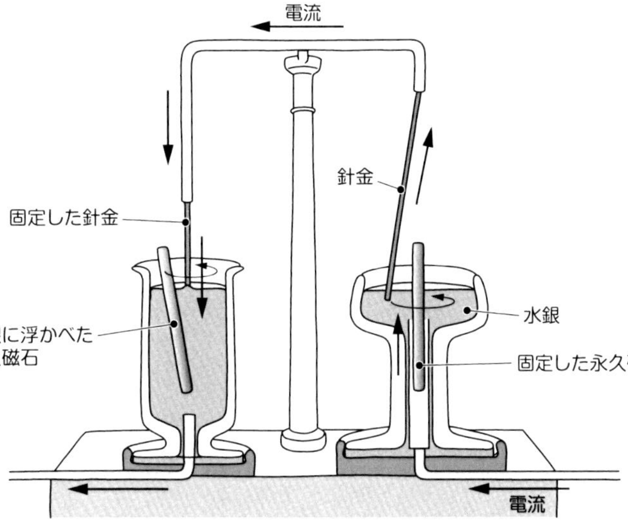

永久磁石がつくる磁界と流れる電流の間にローレンツ力がはたらき、左では針金の回りを永久磁石が回転し、右では永久磁石の回りを針金が回転する。

アラゴの円板

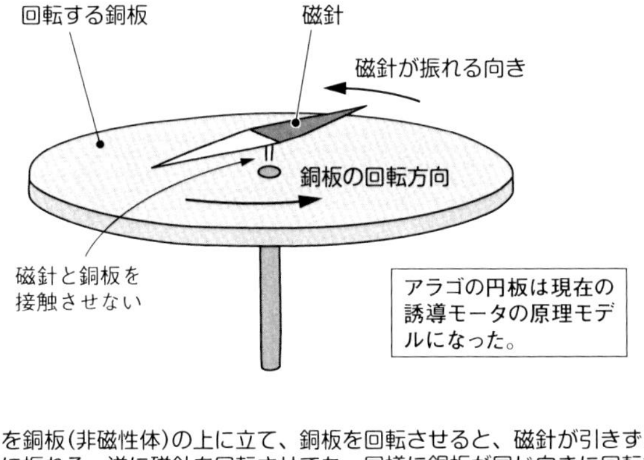

磁針(磁石)を銅板(非磁性体)の上に立て、銅板を回転させると、磁針が引きずられるように同じ向きに振れる。逆に磁針を回転させても、同様に銅板が同じ向きに回転する。

POINT
- ◎ファラデーが作った世界最初の電磁モータをファラデーモータという
- ◎アラゴの円板と呼ばれる電磁気現象は、現在の誘導モータの原理モデルとなった

1-9 電磁誘導はなぜ起こるのか

電磁誘導とはどのような現象をいい、それはなぜ起こるのですか？ また、電磁誘導によって流れる電流の向きはどのようになるのでしょうか？

ファラデーによる電磁誘導の説明

ファラデーは1831年に、導線で作ったループAとループBを向かい合わせにし、ループAに電流を流す実験を行いました（上図）。その目的は、すでに電荷がつくる電界によって導体の表面に電荷が誘起される（**静電誘導**という）現象が知られていたので、それならばループAに電流を流せば隣のループBに電流が誘起されるのではないかと考え、それを確かめるためでした。

しかし、彼の予想ははずれ、電池につないだループAに定常電流を流してもループBに電流は流れませんでした。もちろんこれは当然の結果で、ループAの電流が磁界を作っても、ループBの静止した電子は磁界から力を受けないからです。

ところがある日、ファラデーはループAのスイッチを閉じたり開いたりしたときだけ、瞬間的にループBに電流が流れることに気づきました。これは、電子が時間的に変動する磁界からは力を受けて運動することを示しています。ループBに生じる起電力を**誘導起電力**、誘導起電力によって流れる電流を**誘導電流**といいます。

ファラデーは実験を重ね、誘導起電力がループ（またはコイル）を貫く**磁束**の時間変化と、コイルの巻数（ループは1回巻）に比例することを突きとめました。これを**ファラデーの電磁誘導の法則**といいます（上図）。なお、磁束とは磁力線の束（量）のことで、磁束密度は磁石の強さを表します。

誘導電流が流れる向き

続いて1834年、ドイツ人科学者ハインリヒ・レンツ（1804-1865）が電磁誘導によって流れる誘導電流の向きが、その原因である磁束の変化を妨げる向きであることを発見しました。これを**レンツの法則**といいます。

たとえば、導線のループに永久磁石のN極を近づけると、それに反発してループの向かい合う側にN極が一時的に発生し、逆にループからN極を遠ざけると、永久磁石を引き寄せるようにS極が一時的に発生します（下図）。これは力学における作用・反作用の法則と同じで、ループに永久磁石のS極を近づけたり遠ざけたりするときも同様の現象が起こります。つまり、ループに流れる誘導電流は上記のような磁界を発生させる向きに流れるのです。

ファラデーの電磁誘導の法則

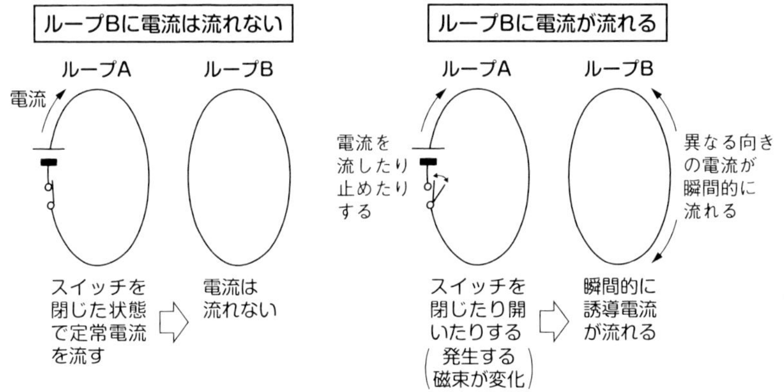

n巻コイル(ループは1回巻)を貫く磁束が、Δt(秒)間にΔΦ(Wb)だけ変化するときに、コイルに発生する誘導起電力V(V)は、

$$V = -n\frac{\Delta\Phi}{\Delta t}$$ ← ファラデーの電磁誘導の法則

なお、磁束はΦ(ファイ)で表し、単位はWb(ウェーバー)。

レンツの法則

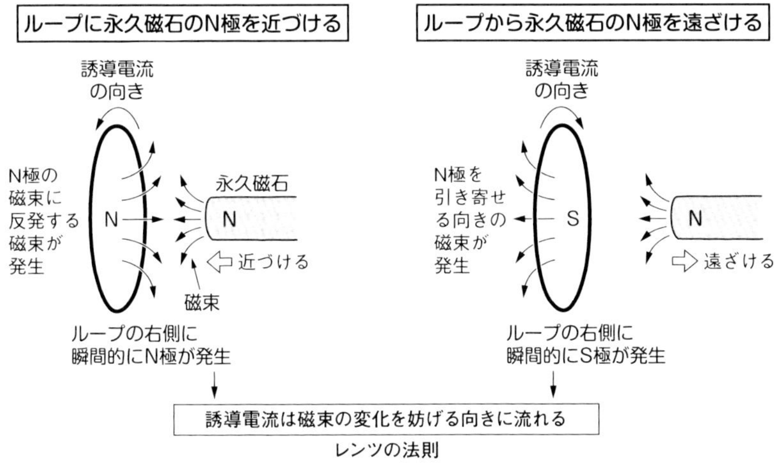

POINT

◎誘導起電力は、回路を貫く磁束の時間変化と、コイルの巻数に比例する=ファラデーの電磁誘導の法則

◎誘導電流は磁束の変化を妨げる向きに流れる=レンツの法則

1-10

ローレンツ力とフレミングの法則

磁界中を流れる電流にはたらくローレンツ力の向きや、磁界中を運動する導線に流れる誘導電流の向きは、どのような方向になりますか？また、電磁モータが発電機になるというのは本当でしょうか？

◪ローレンツ力がはたらく向き

電磁モータは、永久磁石と電磁石、もしくは電磁石どうしの間で発生する反発する力や引きつけ合う力によって回転しますが、その源は磁界中を流れる電流が磁界から受ける**ローレンツ力**です。

クーロン力が電界と平行な方向にはたらくのと異なり、ローレンツ力は磁界の向きと電流の向きのそれぞれに対して直角の方向にはたらきます。この3方向の関係を、イギリスの物理学者ジョン・フレミング（1894–1945）は左手の指を使ってわかりやすく説明しました。すなわち、左手の親指・人差し指・中指をお互いが直角になるように立て、人差し指を磁界の向き、中指を磁界中を流れる電流の向きに合わせると、親指が指す方向がローレンツ力がはたらく向きになります（上図・左）。これを**フレミングの左手の法則**といいます。

◪電磁モータは発電機にもなる

電磁誘導は発電機の原理となっているものです。というのは、電磁誘導は静止している電子が時間的に変動する磁界からローレンツ力を受けて運動する（＝電流が流れる）現象だからです。

電磁誘導はまた、変動しない磁界の中で導線を動かすことによっても生じます。導線内で静止している電子が導線とともに磁界中を運動することでローレンツ力を受け、導線内を運動する（＝電流が流れる）からです。この場合の磁界の向きと導線を動かす向き、電流が流れる向きを、フレミングは右手の指を使って示しました。すなわち、右手の親指・人差し指・中指をお互いが直角になるように立て、人差し指を磁界の向き、親指を導線を動かす向きに合わせると、中指が誘導電流が流れる向きになります（上図・右）。これを**フレミングの右手の法則**といいます。

電磁モータは磁界中で電流を流すことでローレンツ力を受けて回転する装置ですが、逆に何らかの力で電磁モータを回転させると、ローレンツ力によって導線中の電子が運動し電流が流れます。つまり電磁モータは発電機にもなるのです。

なお、これまで見てきたように、電子は静止しているときと運動しているとき（＝電流）とでは、電磁的に異なる振る舞いを見せるので、下表に整理しました。

フレミングの法則

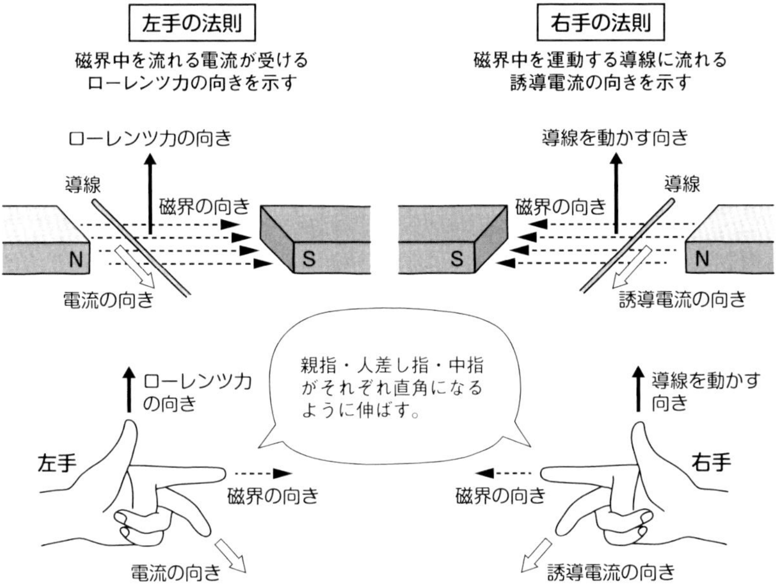

人差し指を磁界の向き、中指を電流の向きに合わせると、親指がローレンツ力がはたらく向きになる。

人差し指を磁界の向き、親指を導線を動かす向きに合わせると、中指が誘導電流が流れる向きになる。

静止している電子と運動している電子の電磁的振る舞い

静止している電子	運動している電子（＝電流）
電界を生じる	電界は生じない
磁界は生じない	磁界を生じる
電界から力を受ける→クーロン力	電界から力を受けない
磁界から力を受けない	磁界から力を受ける→ローレンツ力
時間的に変動する磁界から力を受ける →誘導電流が流れる(電磁誘導)	磁界中で導線を動かすと力を受ける →誘導電流が流れる(電磁誘導)

POINT

◎電流が磁界から受ける力の向きは、フレミングの左手の法則に従う
◎磁界中を動く導線に流れる電流の向きは、フレミングの右手の法則に従う
◎電動モータを何らかの力で回転させると電流が流れる(発電機になる)

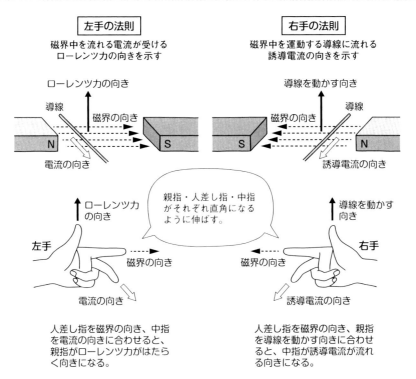

COLUMN 1

日本人が発明した
世界最強のネオジム磁石

日本は世界一の永久磁石発明大国で、これまですぐれた磁石を数多く創造してきました。偉大な先駆者は本多光太郎氏(1870-1954)で、1916年に当時世界最強の磁力を持つKS鋼を発明し、1932年に日本人として(湯川秀樹氏より早く)初めてノーベル物理学賞候補になりました。現在、モータにも多用されているネオジム磁石も、日本人研究者の佐川眞人氏(1943-)が発明したものです。驚くべきことにネオジム磁石が誕生した1982年からすでに約40年も経つのに、未だネオジム磁石を超える磁力を持つ磁石は現れていません。

ネオジム磁石はネオジム(Nd)と鉄(Fe)、ホウ素(B)を主成分とする磁石で、ネオジムが希土類元素(レアアース)であるため、希土類磁石(レアアース磁石)と呼ばれます。ネオジム磁石は、世界中で広く普及しているフェライト磁石のおよそ10倍もの磁力を持ちます。ただし、レアアースを含む分値段も高く、主成分が酸化鉄でバリウム(Ba)やストロンチウム(Sr)を含有して安価に製造できるフェライト磁石の10倍かそれ以上します。なお、フェライト磁石の発明者も日本人で、加藤与五郎(1872-1967)と武井武(1899-1992)の両氏によって1930年に発明されました。

さて、永久磁石が強力な磁力を持つためには、磁気異方性、飽和磁化、磁気保持力の3つがポイントになります。磁気異方性とは特定の方向に強く磁化する性質、飽和磁化は磁化する最大値、磁気保持力は磁性を失わせようとする力に対する抵抗力です。レアアースのネオジウムはとくに磁気異方性に関与します。

また、モータは回転することで温度が上昇しますので、キュリー温度も非常に重要になります。永久磁石は温度が上昇すると磁性を失い、そのときの温度をキュリー温度といいます。ネオジム磁石では、キュリー温度が100℃の場合は〈Nd-Fe-B〉が〈31-68-1〉の組成比なのですが、これを200℃に上げるために、ディスプロシウム(Dy)を添加し〈Nd-Dy-Fe-B〉の割合を〈21-10-68-1〉にしています。

第2章

電磁モータの構造と性能

Structure and performance of the electromagnetic motor

2-1 電磁モータの基本構造

電磁モータはどのような部品でできているのですか？　また、直流電流でモータが回転し続けるのは、どのようなしくみによるのでしょうか？

◪DCモータで最も普及しているブラシモータ

電磁モータは**直流電流**（**DC**：Direct Current）で動くものと**交流電流**（**AC**：Alternating Current）で動くものに大別されますが、DCモータ（直流モータ）のうち一般に最も普及しているのはブラシモータと呼ばれるタイプです。**DCブラシモータ**は構造が簡単で、低価格、取り扱いも容易なことから、産業用としてはもちろん、身の回りでも電池で動かす電動玩具や電気機器などに多用されています。子どものときにプラペラを取り付けて回して遊んだモータもDCブラシモータです。

DCブラシモータは単に**DCモータ**と呼ばれたり、メーカによってはブラシ付きモータ、**整流子モータ**などさまざまに呼称されています。本書ではなるべく構造を反映した一般的な呼称を用いて説明します。

◪永久磁石界磁形DCブラシモータの構造と回転原理

上図にDCブラシモータの基本構造を示します。また、下図でDCブラシモータが回転する原理を説明します。これらの図で、モータの部品名や機能に関する用語、そのはたらきなどを確認しておきます。

①**界磁**：磁界を発生させるための磁石。上図のモータは界磁に永久磁石を使用しているので、名称を詳細に表現すると**永久磁石界磁形DCブラシモータ**となる。

②**電機子（アーマチュア）**：界磁に対して回転運動する部分。DCブラシモータでは電機子＝**回転子**。

③**回転子（ロータ）**：モータの回転する部分。ロータの回転軸を**シャフト**という。

④**固定子（ステータ）**：回転子に対して、固定されている部分。DCブラシモータでは固定子＝界磁。

⑤**整流子（コミュテータ）**：ブラシと組み合わせて、電流の向きを切り替える部分。

⑥**ブラシ**：整流子と接触・非接触を繰り返して、電流の向きを切り替える部分。

ブラシと整流子はDCモータが回転するために必要です。なぜなら、導線と回転子のコイルを直につなぐと、下図・左のように、回転子が180度回転すると界磁（固定子）の磁界に対してコイルに流れる電流が逆向きになり、逆方向のローレンツ力がはたらくからです。ブラシと整流子はそれを回避するための仕掛けです。

永久磁石界磁形DCブラシモータの外観と構造

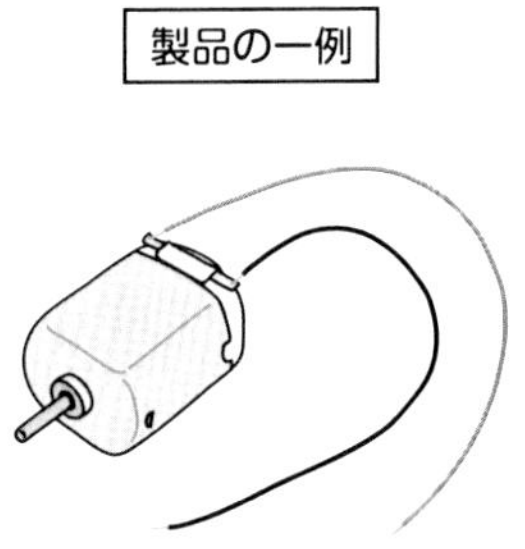

プラモデルなどでよく
使用されているモータ

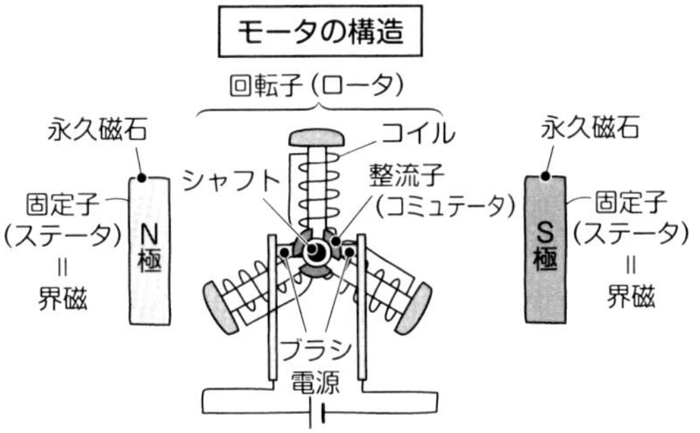

固定子に永久磁石を用いる＝界磁。固定子のN極とS極の間の磁界中でコイルに流れる電流がローレンツ力を受け、回転子が回転する。

DCブラシモータが回転し続けるための仕掛け

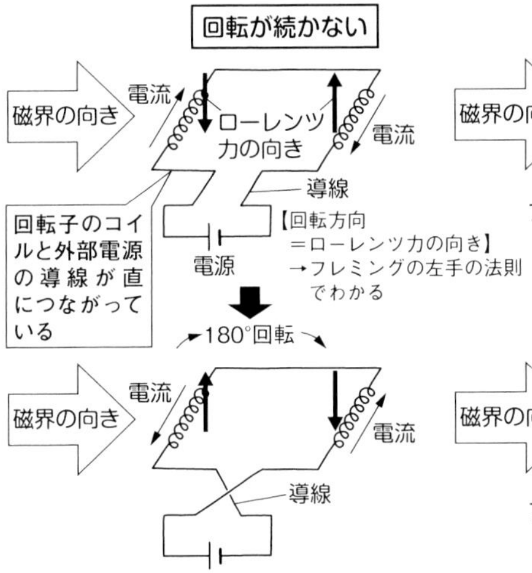

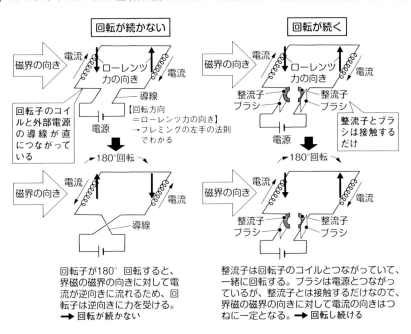

回転子が180° 回転すると、界磁の磁界の向きに対して電流が逆向きに流れるため、回転子は逆向きに力を受ける。
➡ 回転が続かない

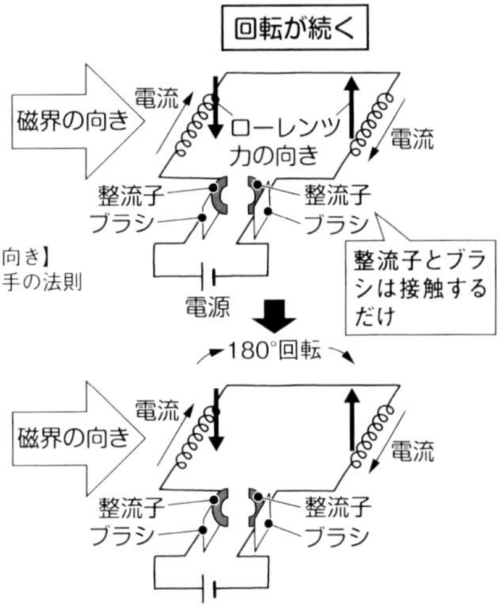

整流子は回転子のコイルとつながっていて、一緒に回転する。ブラシは電源とつながっているが、整流子とは接触するだけなので、界磁の磁界の向きに対して電流の向きはつねに一定となる。➡ 回転し続ける

POINT
- ◎DCモータは直流電流、ACモータは交流電流で作動するモータ
- ◎DCモータの場合、界磁＝固定子、電機子＝回転子である
- ◎整流子とブラシは、DCモータが回転するための必須要素である

2-2 20分で手作りできる超簡単モータ

前項の解説で、モータ(DCブラシモータ)が回転する原理はわかりましたが、それを実感できるような、簡単に手作りできるモータはありますか?

◤超簡単モータの工作手順

ここで、子どもはもちろん、大人も楽しめる超簡単な電磁モータを手作りして回してみましょう。そして、フレミングの左手の法則で回転方向を確認しましょう。用意する材料は、基本的に次の4つです(番号は図に対応)。

①銅の針金:エナメル線の被覆を紙やすりではがしてもOK。

②ネオジム磁石:なるべく強力な永久磁石のほうがよく回る。

③単一乾電池:乾電池はどれも1.5Vだが、流れる電流が大きいほうがよく回る。

④セロハンテープ:乾電池に①を固定する。

その他、銅の針金を切断したり、折り曲げたりするのに、ラジオペンチがあったら便利です。また、乾電池を机の上に置く場合、安定するように乾電池ボックス(ホルダー)を使うのもよいでしょう。

さて、工作の手順です。上図を参照してください(番号は図に対応)。

❶銅の針金で、回転子1つと軸受2つをつくる。

❷軸受を乾電池のプラス極とマイナス極にセロハンテープで固定する。

❸ネオジム磁石を乾電池にくっつける。この磁石が界磁=固定子となる。

❹回転子を軸受に乗せる。

以上で終了です。回転子を軸受に乗せるとすぐにブルブル震えて回転し始めますが、うまく回り出さないときは指でつついてやりましょう。それでもうまく回転しないときは、回転子や軸受の形を調整してみましょう。

◤超簡単モータが回転する原理

超簡単モータの回転方向は、フレミングの左手の法則で確認できます。ネオジム磁石にはN極・S極が表示されていないことが多いですが、その場合逆にモータの回転方向から判断できます(下図)。

界磁はネオジム磁石1つだけ、回転子も1つだけなので、回転子がどの位置にあってもローレンツ力は同じ向きにはたらきます。とすると、回転子が上にきたときは逆回転の力になりますが、そのときの力は弱いので、惰性で同一方向に回転が続きます。なお、ネット上では手作りできるさまざまな簡単モータが紹介されています。

超簡単手作りモータの作り方

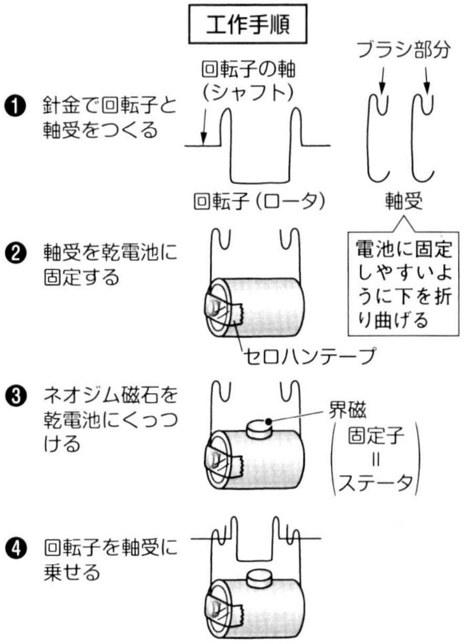

モータの回転方向

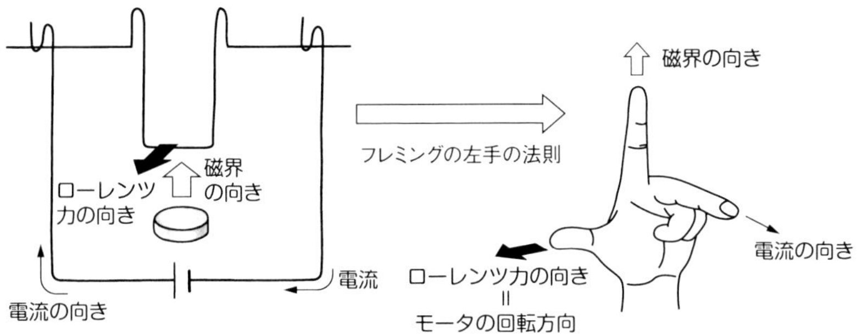

ネオジム磁石ではN極・S極が表記されていないことがほとんどだが、フレミングの左手の法則を使えば、モータの回転方向からN極・S極がわかる。

POINT

◎モータの3要素は、界磁、回転子、電流(導線)であり、これらがそろえば簡単なモータが工作できる

◎磁界・回転・電流の向きはフレミングの左手の法則で確認できる

2-3 電磁モータの性能（1） 回転数、トルク

モータの回転速度と回転数は同じものですか？　それらは周波数や振動数とどのように違うのでしょうか？　また、力と力のモーメントはどう違いますか？

◩モータの性能は何で決まるか

モータを何のために、どこに使用するか。使用目的によって、モータに求められる性能は異なります。つまり、モータの回転速度を重視するとか、回転する力の大きさがポイントだとか、省エネだとか、長期間長持ちするモータがほしいとか、実にいろいろです。このようなモータの各種性能を表す指標には、回転速度、トルク、出力、損失、効率、時定数、定格などがあります。

◩回転速度は1分間または1秒間の回転数で表す

回転速度は**回転数**ともいい、単位時間に回転子が何回回転するかを示すものです。通常1分間または1秒間における回数で表しますので、単位は回毎分（rpm：revolutions per minute）また回毎秒（rps：revolutions per second）になります。

また、回転数を表すのにヘルツ（Hz）やラジアン毎秒（rad/s）を使用することもあります。Hzは周波数や振動数によく使用される単位で、回転数をいう場合の1 Hzは1秒間に1回転する（Hz＝rps）ことを意味します。また、rad（radianの略）は角度の単位の1つで、「度」で表す度数法に対して**弧度法**といいます。π rad＝180°です。したがって、rad/sは正確には角速度を表します（上図）。

通常、モータの回転数は非常に大きいものです。家庭用扇風機の回転数は500～1500 rpm、換気扇は2500～3000 rpmです。

◩トルクとは力のモーメント

モータでロープを巻き上げて荷物を持ち上げる場合などでは、回転数より回転の力強さが重要になります。それを表すのが**トルク**です。これを「回転力」と説明することがありますが、正確には**力のモーメント**をいいます。たとえば、ボルトをスパナで回すとき、てこの原理で、スパナを長く持つほうがボルトが回りやすくなります。このボルトの回転を促すものが力のモーメントであり、スパナに加える力(N)×スパナを持つ長さ（m）＝力のモーメント（N·m）です。単位のN·m（ニュートンメートル）は仕事の単位と同じですが、仕事＝力×力の方向に動いた距離であり、距離（長さ）の意味合いが力のモーメントと異なるため、仕事は単位にジュール（J＝N·m）を使うのに対して、力のモーメントではジュールを使いません（下図）。

回転数と角速度

モータが1分間に120回転する場合

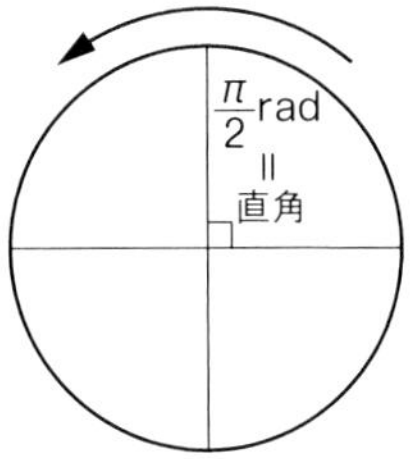

直角は、度数法では90°、弧度法では $\frac{\pi}{2}$ rad。

1分間に120回転するモータの回転数（回転速度）は、

120rpm（回/分）または2rps（回/秒）。

これを角速度で表すと、1分間で回転する角度は、

度数法では、360×120＝4万3200（°/分）

弧度法では、$2\pi \times 120 = 240\pi$（rad/分）

1秒間の回転数は、720（°/秒）と4π（rad/秒）になる。

家庭用扇風機の回転数は500～1500rpm、
換気扇の回転数は2500～3000rpm。

トルクは回転させる力

トルクとは？

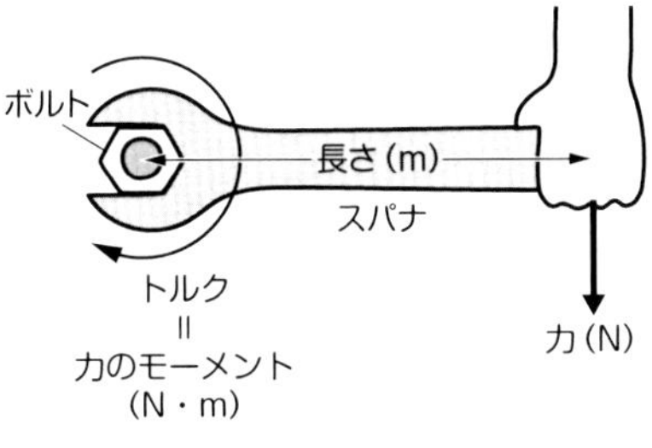

トルク（力のモーメント）（N・m）
＝力（N）×長さ（m）

したがって、加える力を大きくするか、長さを長くするとトルクが大きくなる（＝てこの原理）。

DCモータに一定の電圧をかけたときのトルクと回転数

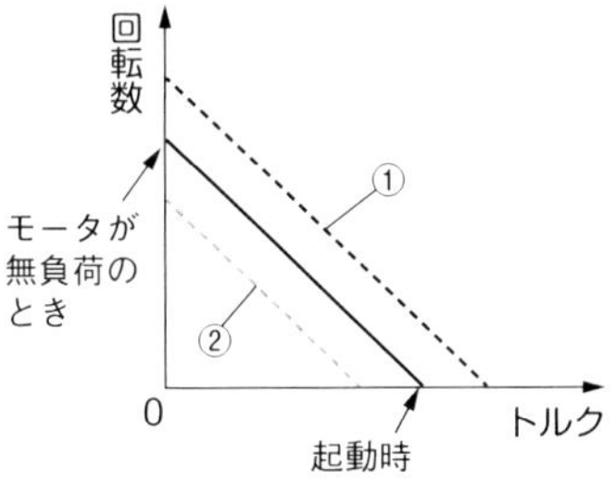

グラフは右肩下がりになり、トルクが大きくなる（モータに負荷がかかる）と、回転数が小さくなる（回転が遅くなる）。

①：高電圧をかけたとき

②：低電圧をかけたとき

POINT

◎回転数は通常、rpm（回／分）またはrps（回／秒）で表す

◎トルクとは回転させる力であり、力のモーメントのことである

◎トルクの単位はN·m（ニュートンメートル）である

2-4 電磁モータの性能(2) 出力と入力、損失、効率

モータがする仕事やモータの出力は、どのような計算で求められますか? また、効率がよいモータ、効率が悪いモータとはどのようなことをいうのでしょうか?

◩モータの出力

出力とは単位時間にする仕事の量、つまり仕事率をいいます。モータにドラム(巻胴)を取り付け、ロープを巻き上げて荷物を持ち上げる場合、モータがする仕事は、仕事(J)=力(N)×持ち上げた距離(m)になり、これをかかった時間(秒)で割ると仕事率が求まります。仕事(J)÷かかった時間(s)=仕事率(=出力)(J/s)になりますが、単位はW(ワット)で表します。1J/s=1Wです。

出力を、トルクと回転数から直接求めることもできます(上図)。荷物を持ち上げた距離はロープを巻き上げた長さなので、ドラム(巻胴)の円周×回転数になります。また、モータのトルク=荷物が引く力×ドラムの半径なので、力=トルク/半径になります。したがって、モータがした仕事=(トルク/半径)×(円周×回転数)になり、円周が2π×半径であることから、仕事=2π×回転数×トルクになります。回転数が毎秒であればこれが出力(=仕事率)になり、毎分であれば60で割って毎秒にすることで出力を求めることができます。もっとも、カタログデータから求めた出力は、モータの特性や運転パターンなど種々の要因により、実際の出力とは誤差が出ます。

◩入力と損失から効率を求める

電磁モータを駆動して出力させるために、電気エネルギーを供給することを**入力**といいます。入力は1秒間に消費される電力であり、電流(A)×電圧(V)=電力(W)になります。電力の単位は仕事率(=出力)と同じです。ただし、モータに電流を流しても、その電力がすべて運動エネルギーとして出力されるわけではなく、電気抵抗や摩擦などでエネルギーの一部が必ず失われ、これを**損失**といいます(下図・左)。損失エネルギーは熱エネルギーとなって、温度上昇の原因になります。

入力された電力から一部のエネルギーが失われ、残りが出力されます。入力−損失=出力ですが、入力されたエネルギーのうちどれだけ出力されるかの割合を**効率**といい、%(パーセント)の単位で表します。出力÷入力×100=効率(%)です(下図・右)。効率がよいほど省エネにすぐれたモータといえ、効率が悪いモータは同じ出力を出すのにより大型化する必要があります。

出力の計算

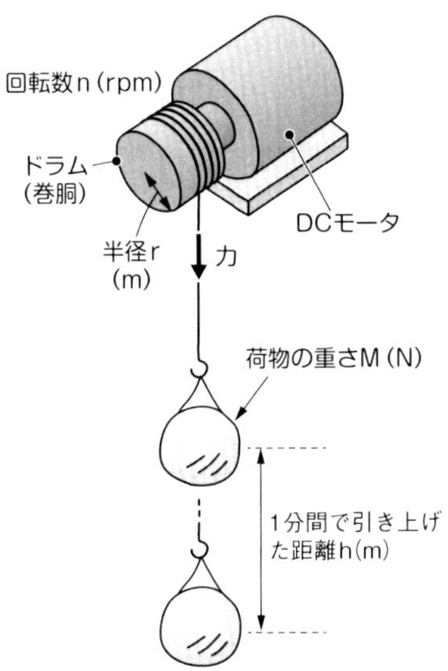

モータで重さM (N) の荷物を1分かけてゆっくり高さh (m) まで引き上げた。そのとき、モータがした仕事は、

仕事＝M×h (N・m) ……①

hはモータの回転数×ドラムの円周になるので、

h＝n×2πr (m) ……②

また、モータのトルク＝M×r (N・m) なので、これを変形して、

$$M=\frac{トルク}{r}\ (N)\ \cdots\cdots③$$

②と③を①に代入して、

$$仕事=\frac{トルク}{r}\times n\times 2\pi r=2\pi n\times トルク\ (N\cdot m)$$

したがって、モータの出力 (仕事率＝1秒間の仕事) は、

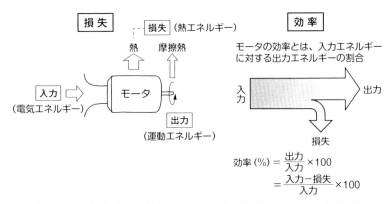

$$出力=\frac{2\pi n\times トルク}{60}\ (W)$$

損失と効率

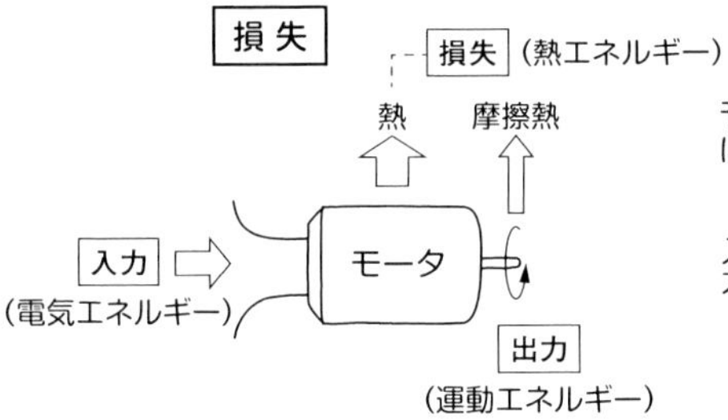

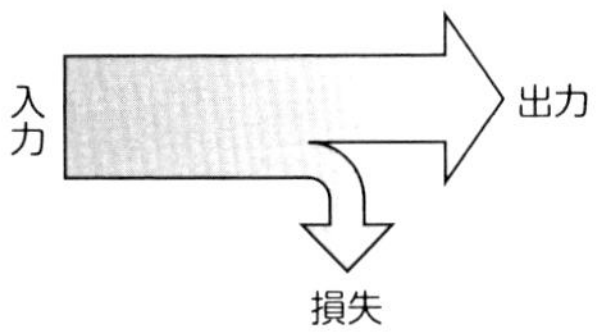

$$効率(\%)=\frac{出力}{入力}\times 100=\frac{入力-損失}{入力}\times 100$$

効率の悪いモータとは、損失の大きいモータである。そのため、大きな出力を得るためにはより大型化せざるをえない。また損失エネルギーは熱エネルギーになるので、温度上昇の原因になる。

POINT
◎モータの出力＝2π×回転数 (毎分) ×トルク÷60
◎モータの効率＝出力÷入力＝(入力−損失) ÷入力×100
◎効率の悪いモータは大型化する必要があり、また温度上昇を生じやすい

2-5 電磁モータの性能(3) 機械的時定数

モータの時定数とは何ですか？　時定数が小さい(短い)モータと大きい(長い)モータは何が違うのでしょうか？　また、機械的時定数は何を基準に決められるのですか？

◩時定数は2つある

モータのスイッチを入れてもただちに定常回転数に達することはなく、必ず多少の時間を要します。このタイムラグを**時定数**といい、単位はs（秒）です。モータの時定数が小さいほど、スイッチを入れてから定常回転数になるまでの時間が早くなります。時定数には**機械的時定数**と**電気的時定数**〈➡p42〉の2つがあります。なお、時定数は「じていすう」、「ときていすう」、「ときじょうすう」などと読みます。

◩機械的時定数は回転速度の立ち上がり時間

機械的時定数を平たくいうと、モータを起動したときの立ち上がりの時間のことです。具体的には、スイッチを入れてから、負荷がない状態で回転数の63.2％に達するまでの時間になります（上図）。遅れの原因は慣性モーメントとコイルの電気抵抗によるもので、機械的時定数は次の式で求められます（下図）。

機械的時定数＝慣性モーメント×電気抵抗÷(トルク定数×逆起電力定数)

上式右辺の**慣性モーメント**とは、回転子の回転のしにくさを表す量です。そもそも慣性（**イナーシャ**ともいう）とは、物体が今の運動状態を続けようとする性質をいい、物体の運動状態を変更させるためには力が必要です。つまり、慣性モーメントとよく似た名称の力のモーメント（＝トルク）〈➡p36〉が回転させようとする力であるのに対して、慣性モーメントはそれに抵抗して、回転させないようにはたらく力を表します。また、電気抵抗とは電機子コイル（巻線）の電気抵抗を指します。したがって、慣性モーメントも電気抵抗も値が小さいほど定常回転数に達するまでの時間が短くなります。

◩トルク定数と逆起電力定数は同じ値

トルク（力のモーメント）は電流の大きさに比例し、その比例定数が**トルク定数**です。よって、トルク定数は単位電流あたりのトルクを表し、トルク定数が大きいほど大きなトルクが得られるので、機械的時定数は小さくなります。

また、**逆起電力**〈➡p46〉とは、モータの電機子（回転子）が回転することで電源電圧と逆向きに発生する電圧をいい、回転数に比例し、その比例定数が**逆起電力定数**です。DCモータでは、逆起電力定数とトルク定数は同じ値になります。

機械的時定数

モータの回転数の変化と時定数

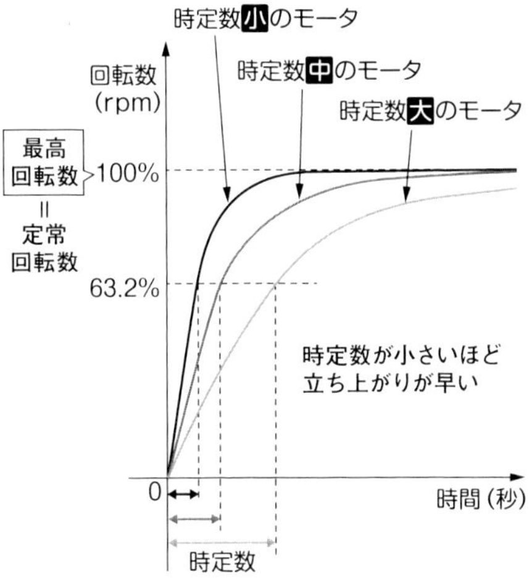

機械的時定数とは、モータに電流を流してから定常回転数（最高回転数）の63.2%の回転数に達するまでの時間。

なぜ63.2%か？

回転の立ち上がり（0%）のときのグラフの接線が最高回転数に達する時間が時定数であり、時定数を実際のグラフにあてはめたときの回転数が最高時の63.2%になる。

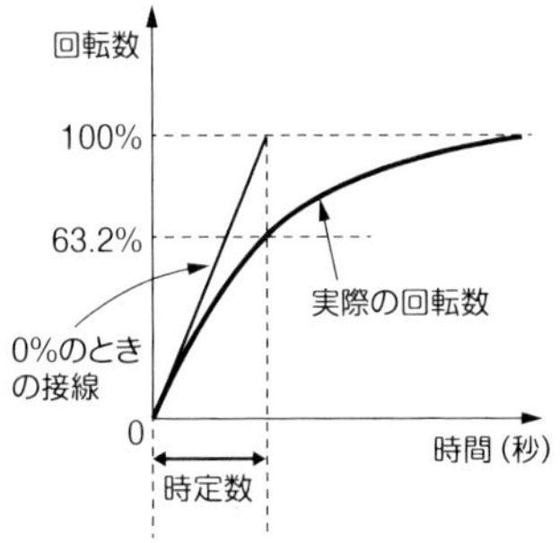

機械的時定数の計算

慣性モーメント＝質量×半径^2　　電機子コイルの電気抵抗

$$\text{機械的時定数（秒）} = \frac{\underset{(kg\cdot m^2)}{\text{慣性モーメント}} \times \underset{(\Omega=\frac{V}{A})}{\text{電気抵抗}}}{\underset{(\frac{N\cdot m}{A})}{\text{トルク定数}} \times \underset{(\frac{V}{rps})}{\text{逆起電力定数}}}$$

〈➜p46〉

トルク＝トルク定数×電流　　逆起電力＝逆起電力定数×回転数

右辺の単位を確認すると、$\dfrac{kg\cdot m^2 \times \frac{V}{A}}{\frac{N\cdot m}{A} \times \frac{V}{rps}} = \dfrac{kg\cdot m^2}{N\cdot m \times s}$ ← rpsの「回数」は無次元量なので、rps→$\frac{1}{s}$

ここで、N（ニュートン）＝ 質量（kg）×加速度（m/s^2）なので、$N=\dfrac{kg\cdot m}{s^2}$

よって、右辺の単位は、$\dfrac{kg\cdot m^2}{\frac{kg\cdot m}{s^2}\times m\times s} = \dfrac{s^2}{s} = s$（秒）➜ 左辺と同じになる

POINT

◎時定数はスイッチを入れてからのモータの応答の良し悪しを示す
◎機械的時定数はモータの回転数が定常回転数の63.2%に達するまでの時間
◎機械的時定数＝慣性モーメント×電気抵抗÷（トルク定数×逆起電力定数）

2-6 電磁モータの性能(4) 電気的時定数とインダクタンス

電気的時定数は何を基準に決められるのですか？　この値が小さいモータとは、どのような性質を持っているのでしょうか？　また、電気的時定数に関係するとされるインダクタンスとは何ですか？

◪電気的時定数は電池の立ち上がり時間

機械的時定数〈➡p40〉が回転数を基準にした時定数だったのに対して、**電気的時定数**は電流値の変化から見た立ち上がりの時間です。具体的には、モータが回転しないように拘束した状態で定電圧をかけてから、モータに流れる電流が定常電流の63.2%に達するまでの時間をいいます。63.2%の意味は機械的時定数と同様で、回転の立ち上がり（0%）のときのグラフの接線が定常電流値に達するまでの時間が電気的時定数であり、そのときの電流値が定常電流の63.2%になります（上図）。電気的時定数は次の式で求められます。

電気的時定数＝インダクタンス÷電気抵抗

◪インダクタンスの単位はH(ヘンリー)

コイルの中の磁束が変化すると、電磁誘導によってコイルに誘導電流が流れますが、コイルに電流が流れている状態で、その電流の大きさが変化するときも、コイル内の磁束が変化することにより、レンツの法則〈➡p26〉に従い、電流の変化を妨げようとする向きに、コイルに誘導起電力が生じ誘導電流が流れます。これを**自己誘導**といいます。つまり、電機子に巻いたコイルに流れる電流の大きさが変化すると、自己誘導が生じるのです（下図）。

その自己誘導で生じる起電力は、電流の変化率に比例し、この比例定数を**自己インダクタンス**、または単に**インダクタンス**といいます。すなわち、誘導起電力＝インダクタンス×電流の変化率となり、これを変形して、インダクタンス＝誘導起電力÷電流の変化率となります。インダクタンスの単位は、V÷A/s＝V･s/A＝Wb/A（ウェーバ毎アンペア）ですが、これをヘンリー（H）という固有の単位で表します。1H＝1Wb/Aです。ヘンリー（H）は、自己誘導現象を発見したアメリカの物理学者ジョセフ・ヘンリー（1797-1878）にちなみます。

したがって、インダクタンスが小さいほど、また電気抵抗が大きいほど、電気時定数は小さな値を取り、すなわち電気的立ち上がりが早いモータになります。

ちなみに、電気的時定数の単位を確認しておくと、インダクタンス（V÷A/s）÷電気抵抗（V÷A）＝電気的時定数（s）になります。

電気的時定数

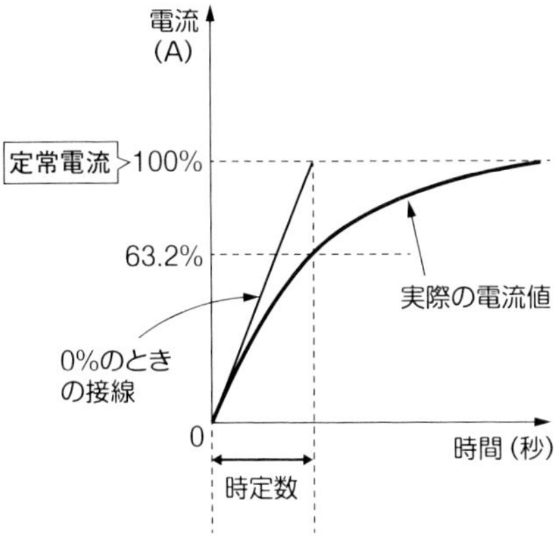

自己誘導の比例定数

$$(H=\frac{V\cdot s}{A})$$

$$電気的時定数（秒）=\frac{インダクタンス}{電気抵抗}$$

$$(\Omega=\frac{V}{A})$$

電機子コイルの電気抵抗

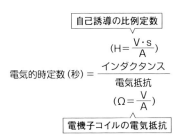

自己インダクタンスが小さく、電機子コイルの電気抵抗が大きければ、電気的時定数の小さい、立ち上がり応答のよいモータである。

自己インダクタンス

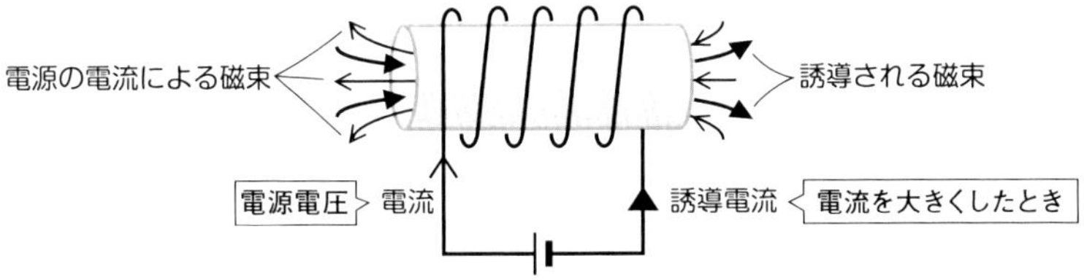

誘導起電力＝インダクタンス×電流の変化率

電機子のコイル（巻線）に流れる電流を大きくする

↓

コイル内の磁束が大きくなる

↓

磁束の変化を妨げる向きの誘導起電力が発生する（レンツの法則）

↓

逆向きの誘導電流が流れる

（電流を小さくしたときは、電流を大きくする向きの誘導電流が流れる。）

POINT

◎電気的時定数は流れる電流が定常電流値の63.2%に達するまでの時間
◎電気的時定数＝インダクタンス÷電気抵抗
◎インダクタンス＝誘導起電力÷電流の変化率

2-7

電磁モータの性能（5） モータの設計と定格

モータを設計するときに大切なことは何ですか？ また、モータの仕様に表記されている定格とは何を表し、どのような種類があるのでしょうか？

◪モータの設計で決まる定格

モータをゼロから設計するにあたっては、目的を明確にすることが最も重要になります。どのような機器で、どんな用途で使うのかなどをはっきりさせると、モータの基本形式や大きさが決まり、目標とする性能が定まってきます。

設計にあたっては、モータには発熱が付きものなので、あらかじめ温度上昇範囲を決めて設計する必要があり、その範囲内で保証される使用限度を**定格**といいます。温度が高くなりすぎると、巻線（コイル）と鉄心の絶縁が劣化したり、軸受の寿命が短くなったりして、故障の原因になります。つまり、定格は安全使用におけるモータの基本性能を表すものといえます。

たとえば、モータを大出力で運転する場合でも、長時間では危険だが、短時間なら問題ないこともあります。運転時間についての定格を**時間定格**といい、連続して使用できるときの使用限度を**連続定格**、一定時間のみ運転するときの使用限度を**短時間定格**といいます（上図）。そして、時間定格の条件をもとに、定格電圧、定格電流などを指定します。

◪主な定格は８種類

主要な定格は次のとおりです。これらにはすべて「規定した温度上昇範囲内で」という条件が付きます（下図）。

①**連続定格**：定格出力で正常に連続運転できること。

②**短時間定格**：定格出力で一定時間正常に運転できること（30分定格など）。

③**定格電圧**：正常な運転が保証される電圧の最大値。

④**定格電流**：正常な運転が保証される電流の最大値。

⑤**定格出力**：定格電圧で連続的に発生する出力。モータの良好な特性を発揮する。

⑥**定格トルク**：定格電圧で定格出力を連続的に出すときのトルク。定格回転数のときのトルク。定格電流が流れているときのトルク。

⑦**定格回転数（定格回転速度）**：定格出力を出すときの回転数（回転速度）。使用上モータに最も適した回転数。

⑧**定格周波数**：AC（交流）モータの運転に使用可能な交流電源の周波数。

連続定格から短時間定格へ

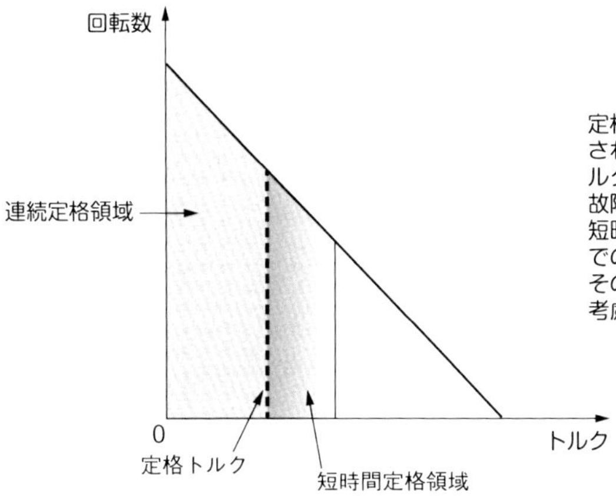

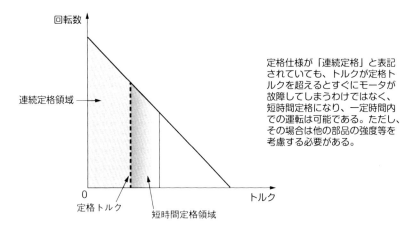

定格仕様が「連続定格」と表記されていても、トルクが定格トルクを超えるとすぐにモータが故障してしまうわけではなく、短時間定格になり、一定時間内での運転は可能である。ただし、その場合は他の部品の強度等を考慮する必要がある。

DCモータのトルクと回転数・電流の特性

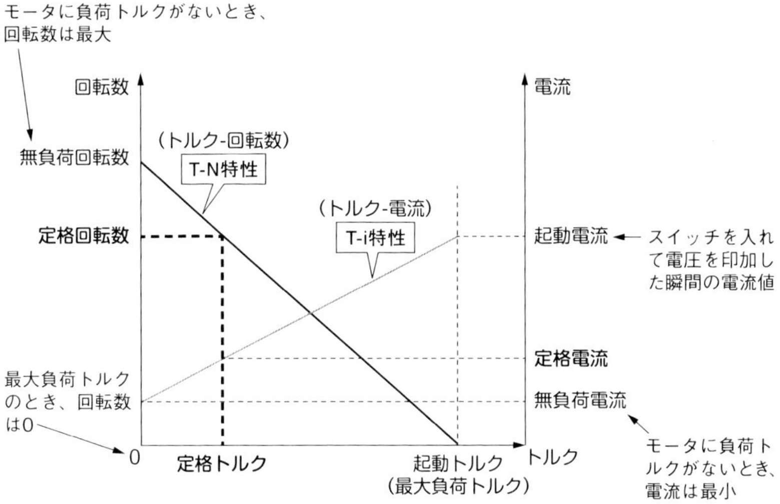

モータに定格電流が流れているときのトルクが定格トルクであり、また、モータが定格回転数で回っているときのトルクが定格トルクである。

POINT
- ◎定格とは、設定した温度上昇範囲内で保証される使用限度である
- ◎連続使用する時間定格を連続定格、一定時間のみ使用するものを短時間定格という。定格には他に、定格電圧、定格電流、定格出力などがある

2-8

逆起電力

DCモータの回転数がある速さ以上にならないのはなぜですか？　また、逆起電力とは何ですか？　逆起電力はどのようなしくみで発生し、その大きさはどのように計算するのでしょうか？

◩モータの回転数を一定値に抑える逆起電力

乾電池につないだDCモータの回転は、なぜ一定の速度で落ち着くのでしょうか。電圧をかけ続けているわけだから、つねにトルクが発生し、機械的な摩擦を無視すれば、モータの回転数は天井知らずで上昇するはずです。しかし、そうならないのは、モータに逆起電力が発生しているからです。

モータは界磁中の回転子の電流がローレンツ力を受けますが、同時に界磁中を回転子の導線（巻線）が動くことで、導線に誘導起電力（＝電圧）が生じます。その向きが電源電圧と逆方向なので、これを**逆起電力**といいます（上図・左）。逆起電力の向きはフレミングの右手の法則で確かめられます〈➡ p28〉。逆起電力は回転数に比例するので、回転数がある値まで上がると、電源電圧と逆起電力が等しくなってモータに電流が流れなくなり、それ以上回転数が上がらなくなります（上図・右）。なお、逆起電力はp28で説明したモータ＝発電機の原理になります。

◩逆起電力の計算

回転子の回転数（回転速度）を角速度（rad/s）で表すと、回転子の巻線の一部である導線が移動する速度は、導線の速度（m/s）＝回転の角速度（rad/s）×回転半径（m）で表されます。よって、このとき導線に発生する逆起電力は、逆起電力＝2×磁束密度×磁界中の導線の長さ×導線の速度（＝回転の角速度×回転半径）となります。2倍するのは巻線の両側で逆起電力が発生するからです。

単位を確認すると、磁束密度T（テスラ）＝N/(A･m）なので、上式の右辺＝N/(A･m)×m×m/s＝N･m/(A･s)。ここで、N＝A･V･s/mより、逆起電力の単位は、(A･V･s/m)×m/(A･s)＝V（ボルト）になります。

上式より、逆起電力は回転の角速度（回転数）に比例し、その比例定数を逆起電力定数〈➡ p40〉といいます。下図に、逆起電力定数とトルク定数が一致する〈➡ p40〉ことを計算で示しました。

なお、自己誘導〈➡ p42〉でも逆向きの誘導起電力が発生しますが、それは電機子に流れる電流が変化することで生じるもので、ここで説明している逆起電力とは異なります。

逆起電力の原理

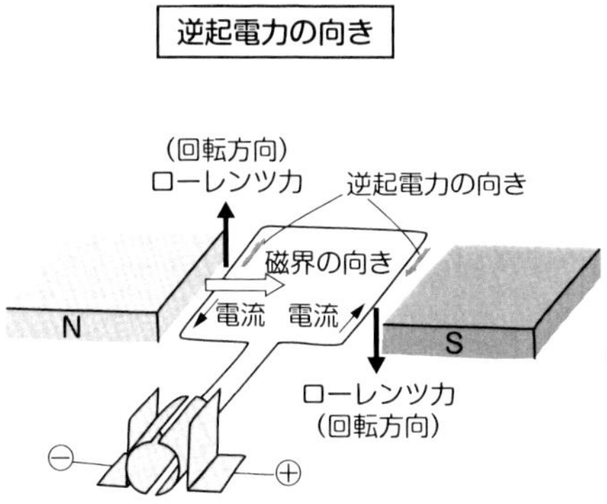

回転子の導線が動くことで、導線に電源電圧と逆向きの起電力が生じる。逆起電力の向きはフレミングの右手の法則に従う。

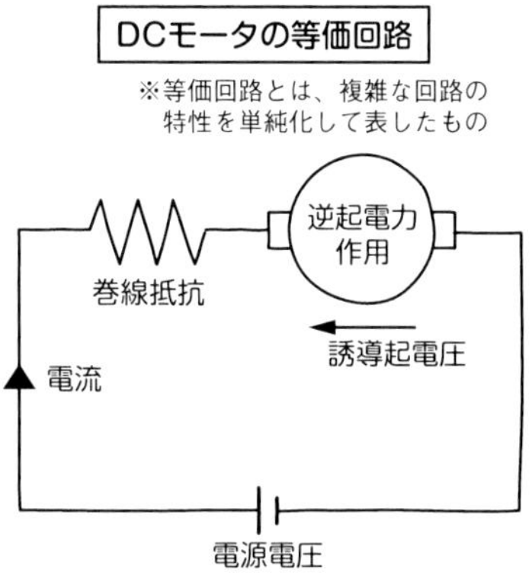

電源電圧＝抵抗×電流＋逆起電力

電源電圧が一定のとき、モータの回転数が上がると逆起電力が大きくなり、逆起電力と電源電圧が等しくなると電流が流れなくなり、モータは一定速度で回転する。

逆起電力定数はトルク定数と一致

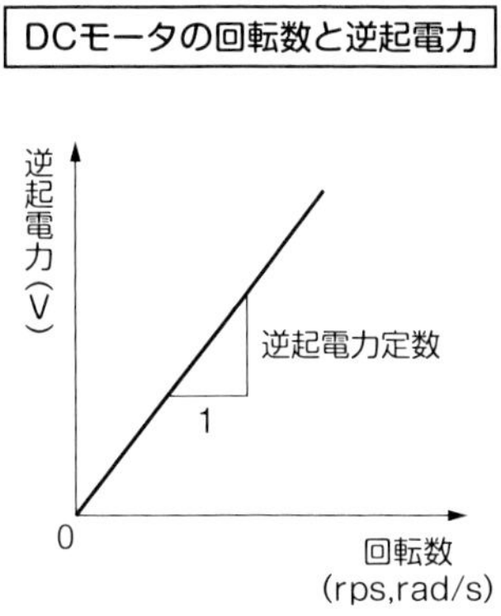

逆起電力は回転数に比例し、単位回転数あたりの逆起電力を逆起電力定数という。

トルク定数＝逆起電力定数

磁束密度Bの磁界中の導線（長さL×2）にはたらくトルクと生じる起電力は、

トルク＝2L×B×R×I
（R：回転半径、I：電流）

逆起電力＝2L×B×R×ω
（ω：回転速度）

トルク定数＝トルク÷I＝2L×B×R ……①

逆起電力定数＝逆起電力÷ω
＝2L×B×R ……②

①と②より、トルク定数＝逆起電力定数。このことは、モータが電気エネルギーと機械（運動）エネルギーの双方向変換機であることを表している。

POINT
- ◎回転子が回転することで逆起電力が発生する
- ◎逆起電力が電源電圧と等しくなると、モータに電流が流れなくなる
- ◎逆起電力定数とトルク定数は同一である

2-9

ヒステリシス損失と渦電流損失

モータの損失にはどのようなものがありますか？　IHクッキングヒーターは、モータの損失を利用して調理する機器といわれていますが、どのようなしくみなのでしょうか？

◩3種類の損失

効率のよいモータをつくるためには損失〈➡p38〉をなるべく小さくする必要があります。モータの主な損失には、銅損、機械損、鉄損の3種類があります。

銅損とは、主として電機子の巻線（導線コイル）の電気抵抗による損失のことですが、その他の配線でも銅損は生じます。巻線の材料に銅線が使われることが多いことから銅損と呼ばれており、電気エネルギーが熱エネルギー（**ジュール熱**）になり拡散します。

機械損（または**機械損失**）とは摩擦による損失をいい、主として回転子と軸受の摩擦で生じ、電気エネルギーが熱エネルギー（**摩擦熱**）になり拡散します。機械損にはモータが回転するときの空気抵抗も含まれます。

鉄損は、鉄心内の磁界が変化することによって生じる損失で、ヒステリシス損失と渦電流損失があります。**ヒステリシス**とは履歴現象ともいい、物体の状態が現在の条件だけでは決まらず、以前の履歴によって異なる現象をいいます。モータの場合、巻線に流れる電流の大きさや向きが変化して磁界が変動すると、磁化された鉄心〈強磁性体➡p18〉の磁区のうち、一部のみが回転することで磁区どうしの摩擦が生じます。この摩擦熱の損失を（磁気）**ヒステリシス損失**といい、磁気エネルギーが熱エネルギーに変わり拡散します。回転子の回転に伴う鉄心の磁界の強さと磁束密度の変化のようすを表した上図のグラフを**ヒステリシス曲線**といい、ヒステリシス曲線に囲まれた面積が磁気ヒステリシス損失になります。

◩渦電流で加熱調理するIHクッキングヒーター

もう１つの鉄損、**渦電流損失**とはコイルの磁束が変化することで、電磁誘導によって鉄心に渦状の電流が流れ、その電流がジュール熱に変わることによる損失です。

渦電流が発生する原理は、レンツの法則〈➡p26〉で理解できます。たとえば、金属板などの導体にレンツの法則より逆向きの磁束が生じ、そのとき流れる渦状電流の向きは右ねじの法則〈➡p14〉に従います（下図）。

この渦電流による損失熱を逆に利用した調理器がIHクッキングヒーターです。磁力発生コイルで発生させた磁束が鍋に渦電流を生じさせ、鍋自体が発熱します。

鉄心のヒステリシス曲線とヒステリシス損失

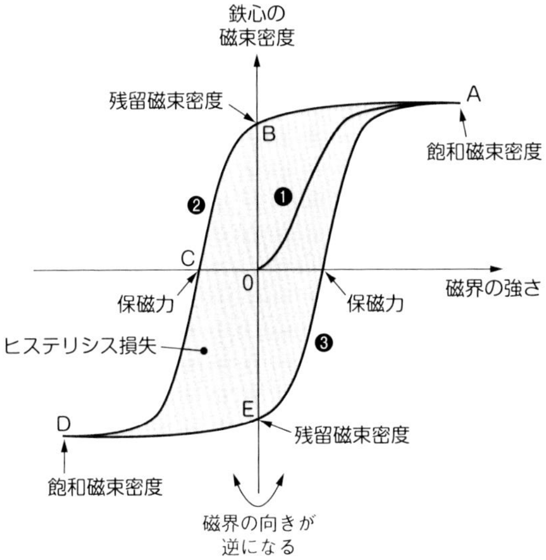

❶の曲線 磁性がない状態(0)から磁界が強まっていくと、磁束密度が飽和点(A)まで上昇する。

❷の曲線 磁界が弱くなると、磁束密度が低下するが、磁界の強さが0になっても磁束密度が残留する(B)。その後、磁界の向きが逆になり強まっていくと、磁束密度が0になる(C)。このときの磁界の強さを保磁力という。さらに磁界を強くすると、逆方向に磁化され、飽和する(D)。

❸の曲線 逆向きの磁界が弱まると、逆向きの磁束密度も小さくなり、E点で磁界の向きが再び逆になり、A点まで磁束密度が上昇する。❷と❸の曲線に囲まれた部分の面積がヒステリシス損失を表す。

過電流の原理とIHクッキングヒーター

渦電流の発生原理

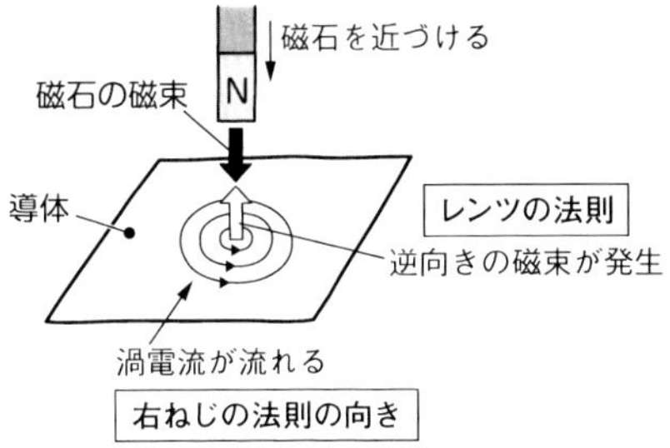

磁束が侵入すると、導体に渦電流が流れ、逆向きの磁束が発生する。

IHクッキングヒーターの発熱原理

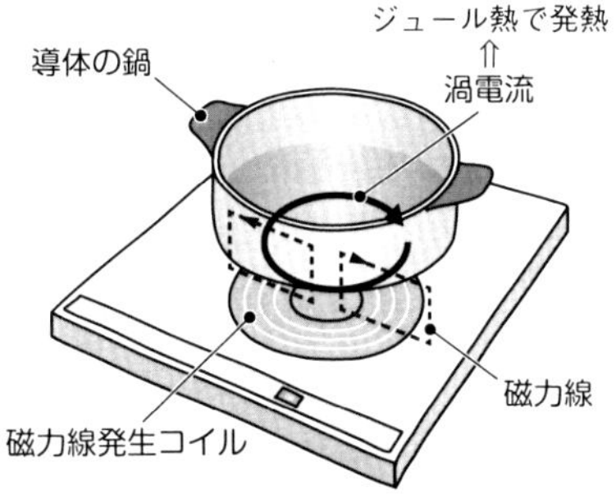

磁力線発生コイルに電流を流して発生させた磁束によって、鍋に渦電流が流れる。それが鍋の電気抵抗でジュール熱に変わり、鍋自体が発熱する。
(IH : Induction Heating)

POINT
◎モータの損失には、銅損、機械損、鉄損がある
◎鉄損には、ヒステリシス損失と渦電流損失がある
◎IHクッキングヒーターは、渦電流の損失熱で鍋自体を発熱させる

COLUMN 2

宇宙エレベータで
活躍するモータ

宇宙エレベータに乗り込んだら、押すべき行き先のスイッチは「宇宙」。宇宙エレベータとは、地球を周回する静止衛星から地上に向けて下ろしたケーブルを伝って地上と宇宙の間を往復する昇降機です。途方もないアイデアに思えますが、現在世界中で活発に研究が進められています。

宇宙エレベータのアイデアを世間に広く知らしめたのは、アーサー・C・クラーク(1917-2008)が1979年に著したSF小説『楽園の泉』です。主人公が開発に執念を燃やすエレベータは現在研究されているものと同じ、静止衛星から地上にケーブルを垂らす方式でした。

とはいえ、宇宙エレベータは実現不可能な夢物語だと長く考えられてきました。その理由の1つは宇宙から3万6000kmも垂らすことに耐えられる軽くて丈夫なケーブル材料がどこにもなかったからです。ところが新しい炭素材料のカーボンナノチューブが1991年に発見されたことから、宇宙エレベータの研究開発がにわかに活気づきました。すでに日本と欧米では宇宙エレベーター協会が設立され、バルーンからつり下げたケーブルをロボット(クライマーという)が上り下りする速さを競う競技会なども開催されています。

宇宙エレベータはまだ基礎研究段階で、ケーブル製作以外にもクライマーを推進させるリニアモータの開発、そのリニアモータへのエネルギー供給手段の開発など、クリアすべき研究課題は山積み状態です。しかし、多くの科学者は2050年頃には実用化されるのではないかと予想しています。

宇宙エレベータが上って行く先には、宇宙機の組立工場と発着場を備えた宇宙ステーションがあり、エレベータで送った部品を組み立てて宇宙機を完成させ発射します。これなら地上からロケットを使って宇宙機を打ち上げるよりはるかにコストが安くなります。そのほか、宇宙天気の観測所や無重力科学実験室、そして宇宙ホテルなども建設され、宇宙が現在とは比べものにならないくらい身近になります。そんな未来が必ずやってきます。

第3章

電磁モータの運転と保護

Operation and protection of
electromagnetic motor

3-1 モータの選定手順

モータには多種多様なものがありますが、どのような相違点があるのですか？　また、モータを選定するとき、どのような手順で行えばよいのでしょうか？

◩主なモータと用途の目安

電磁モータには非常に多くの種類があり、多種多様な機構（メカニズム）が存在します。しかし、機構が違っていても似た特性を持つモータが複数あります。それは多様な選択肢があるということなのでよいことですが、逆にいえば、モータの選定を迷わせることにもなります。上表に、モータに求める性能に対して具体的にどのようなモータを選択できるか、代表的なモータの例を挙げました。それぞれのモータについては掲載したページで解説しています。

◩モータの選定手順

では、モータを新たに設計したり、すでにある多種多様なモータから選んだりする場合、具体的にどのような手順で選定すればよいのでしょうか。まず手始めに行うべきことは、モータの使用環境を確認することです。使用環境とは、モータを組み入れる機器内の寸法や温度、駆動機構などのほか、機器の使用環境も含まれます。モータの選定手順をまとめました。

①モータを組み入れる機器内の寸法や駆動機構（下図）、環境、機器の使用環境などを確認する。

②駆動に求められる条件（回転数、負荷の大きさ、機器の移動速度、運転サイクルなど）やその他の**負荷特性**を確認する〈➡ p54〉。

③モータのトルク、回転数、出力、発熱などを算出し、許容範囲を確認する。

④駆動機器やモータ駆動部に対する精度や速度範囲、停止時間、駆動パターンなどの要求仕様を確認する。

⑤モータの機種（種類）を選択する。

⑥選択した機種において、③で算出した値をもとに具体的なモータを仮選定（仮設計）する。

⑦仮選定したモータが④の要求仕様を完全に満たしているか、また温度上昇なども確認して、モータを最終選定する。

なお、上表にあるように、コストや寿命、（機械的・電気的）雑音の大小などがモータ選定の重要な条件になることもあります。

モータに対する要求事項とモータの種類

要求事項	代表的なモータの種類					
	DCモータ（ブラシ付き）	DCコアレスモータ	ブラシレスモータ	ステッピングモータ	同期モータ	誘導モータ
解説ページ	p74〜	p82〜	p100〜	p108〜	p120〜	p128〜
小形モータ	○	○	○	○		
低コスト	○					○
長寿命			○	○	○	○
大トルク	○		○	○		○
高速回転		○	○		○	
低速回転		○	○	○		○
高効率	○	○				
雑音が小さい			○	○	○	○

各モータが満たす「要求事項」に○をつけた。
要求事項を満たすモータは複数あり、満たす要求事項の組み合わせでモータの種類を選ぶ。

駆動機構の例

巻き上げ機構

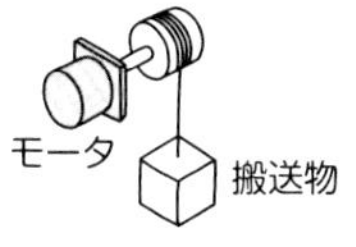

ドラムを用いて搬送物を巻き上げる。

水平移動機構

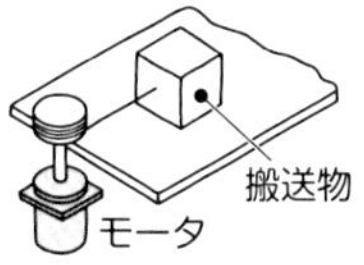

ドラムを用いて搬送物を引っ張る。

慣性体の駆動機構

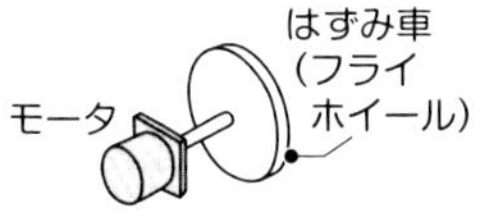

はずみ車などの慣性体を回転させる。

ベルト機構

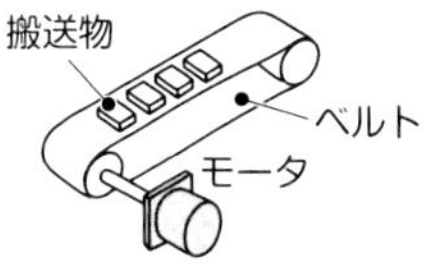

ベルトを回転させて搬送物を運ぶ。

ボールネジ機構

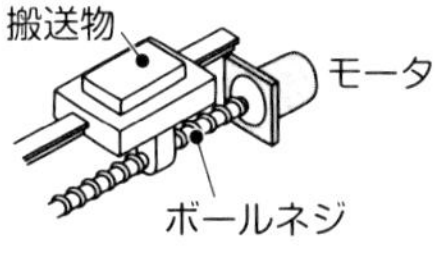

ボールネジを用いて回転運動を直線運動に変える。

ラック＆ピニオン機構

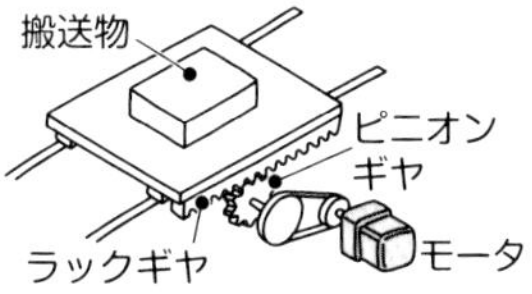

ラックギヤとピニオンギヤをかみ合わせて、回転運動を直線運動に変える。

POINT
◎種類が異なるモータでも似た特性を持つ機種がある
◎モータの選定では、まずモータの使用環境の確認から始める
◎駆動機構には回転運動を利用するものや直線運動に変換するものがある

3-2 負荷の特性

トルクが回転力だということはわかりましたが、負荷トルクとはどのようなトルクのことをいうのですか？　また、負荷トルクにはどのような特性があるのでしょうか？

◤負荷と負荷トルク

負荷とは、モータが駆動機構を通して行う仕事、または駆動する機器をいいます。言い換えると、入力エネルギーを消費するもの、または消費することが負荷で、扇風機でいえば羽根そのもの、または羽根を回すことが負荷にあたります。そして、負荷の仕事に必要なトルクを**負荷トルク**といいます。

負荷トルクは、仕事の種類や駆動機器の違いなどによって特性があります。たとえば、扇風機では始動するときに大きなトルクは必要ないものの、回転速度が速くなるとそれに応じて大きなトルクが必要になります。一方、電車のモータの場合は始動するときには大きなトルクが必要ですが、速度が上がると定出力が要求されます。このように、駆動する機器によって負荷の特性が異なります。そして、負荷の特性に応じたトルク・出力がモータに要求されます。

◤主な負荷特性は３種類

機器の負荷特性の代表的なものには、次の3つがあります（図）。

①**定トルク負荷**：回転数が変化しても、トルクがつねにほぼ一定になる負荷。「出力＝トルク×回転数」なので、出力は回転数に比例する。主な機器に、ロープ式エレベータやクレーンなどの巻上機、印刷機、一部の攪拌機(かくはんき)・押出機、ゲート（水門開閉など）、ベルトコンベヤなどの各種コンベヤがある。

②**2乗低減トルク負荷**（または、**2乗逓減**(ていげん)**トルク負荷**）：定格回転数から速度が低下するに従って、負荷のトルクが徐々に低減するものを**低減トルク負荷**（または、**逓減トルク負荷**）といい、この低減幅が大きく、トルクが回転数の2乗に比例するものが2乗低減トルク負荷。出力は回転数の3乗に比例する。主な機器に、各種のファン、ポンプ、ブロワなどの流体機械等がある。

③**定出力負荷**：回転数が変化しても、出力がつねにほぼ一定となる負荷。トルクは回転数に反比例するので、回転数が小さいときは負荷が大きく、回転速度が大きくなるにつれトルクが小さくなる。主な機器に、定出力発電機や一定速度・一定張力で紙や糸を巻き取る巻取器（ウインチ）、切削機などの各種工作機械、圧延機、一部の押出機などがある。

負荷特性(回転数ートルク・出力)と主な機器

負荷特性	回転数ートルク･出力	機器の例
①定トルク負荷 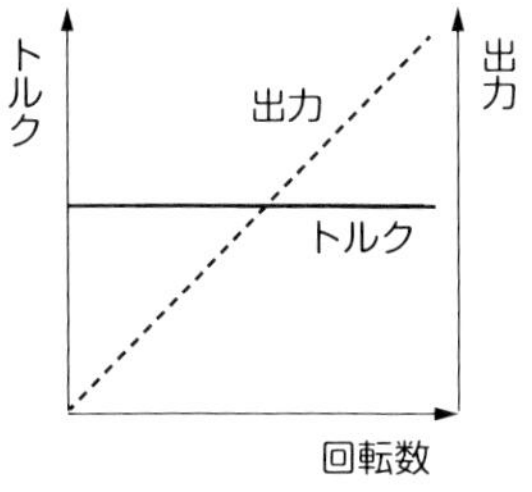 	・トルクは回転数に対してつねに一定 ・出力は回転数に比例	・ロープ式エレベータ ・クレーンなどの巻上機 ・印刷機 ・一部の撹拌機 ・一部の押上機 ・ゲート（水門開閉など） ・各種コンベヤ
②2乗低減トルク負荷 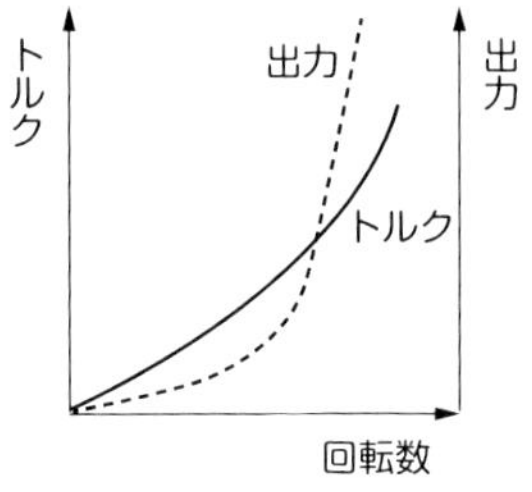 	・トルクは回転数の2乗に比例 ・出力は回転数の3乗に比例	・各種ファン ・各種ポンプ ・ブロワ
③定出力負荷 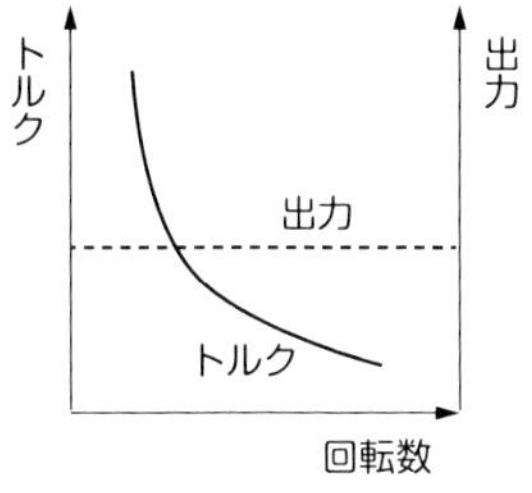 	・トルクは回転数に反比例 ・出力は回転数に対してつねに一定	・定出力発電機 ・巻取機（ウインチなど） ・切削器 ・圧延機 ・一部の押出機

POINT
◎負荷トルクとは、モータが駆動する負荷の仕事に必要なトルクである
◎負荷特性には、定トルク負荷、2乗低減トルク負荷、定出力負荷がある
◎モータには負荷の特性に応じたトルク・出力が要求される

3-3 ギヤとプーリの減速機構

モータにはなぜギヤが付いているのですか？　ギヤによる減速比は何で決まるのでしょうか？　また、プーリとは何ですか？　ギヤとどのように違うのでしょうか？

高速走行はトップギヤ、登坂はローギヤで

一般的なモータは1分間に1000回転、1万回転などの高速で回転します。その回転速度で使用する機器は各種のファンやプロペラぐらいで、ふつうの機器には速すぎるので、**減速機**で回転数を下げて利用します。回転数とトルクは反比例しますので、回転数を下げるとトルクが大きくなり、モータは使い勝手のよい動力源になります。モータで動くもののほとんどに減速機が付いています。

エンジン（内燃機関）で走る自動車は**変速機**（トランスミッション）で回転数とトルクを操作しながら走行します。減速機が回転数を一定比率で低下させるだけなのに対して、変速機は変換比率が一定でないものをいい、両者はほぼ同じ機能を持ちます。通常のエンジンはピストンの直線運動を円運動に変え、その回転数をギヤ（歯車）を用いた変速機で減速しタイヤ側に伝えます。実際の自動車では大小いくつものギヤが組み合わさって複雑ですが、ここでは話を簡単にして説明します。

たとえば、自動車が動き始めるときや、急な坂を登るときなどは、大きなトルクが必要で、回転数は低くても構いません。そのため、マニュアル車では（オートマチック車でも）ローギヤ（1速）を選択します。逆に、平坦な高速道路を走るときは回転速度が速くなる（トルクは小さい）ようにトップギヤ（5速など）を選びます。ローギヤ、トップギヤというのは変速機の**ギヤ比**の違いで、自動車の場合ギヤ比はタイヤが1回転する間のエンジン回転数を表し、ギヤ比が大きいほどトルクが大きく、回転数が低くなります（上図）。

一般に、ギヤ比（＝**減速比**）は2つの歯車の歯数の比になります（下図・左）。

ギヤと同じはたらきをするプーリ

減速機にはギヤ以外にもさまざまな種類があり、**プーリ**もよく使われています。プーリ（pulley）とは「滑車」「ベルト車」を意味し、モータの回転をベルトでつないで伝えます。ギヤと違って、離れたところにもベルトで回転を伝えることができるのが利点で、自動車でもファンベルトにプーリ機構を見ることができます。プーリの減速比は回転体の円周比（半径比）になります（下図・右）。

プーリにはベルトの代わりにチェーンでつなぐタイプもあります。

自動車の変速ギヤ

大きなトルクが必要なとき

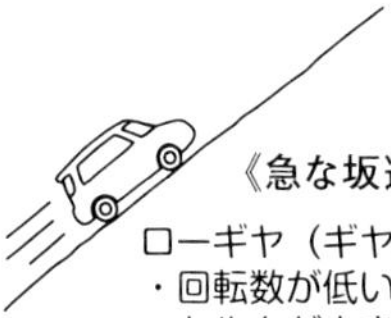

《急な坂道》

ローギヤ（ギヤ比が大きい）
・回転数が低い
・トルクが大きい

高い回転数が必要なとき

《高速走行》

トップギヤ（ギヤ比が小さい）
・回転数が高い
・トルクが小さい

〈自動車の変速ギヤ比（例）〉

トランスミッション		5速マニュアル	3速オートマチック
変速比	1速	5.106	2.727
	2速	3.017	1.536
	3速	1.908	1.000
	4速	1.264	－
	5速	1.000	－

変速比が大きいほど回転数が低く、トルクが大きくなる。変速比が1.000のときは、エンジンの回転がタイヤに直結されることと同じ。

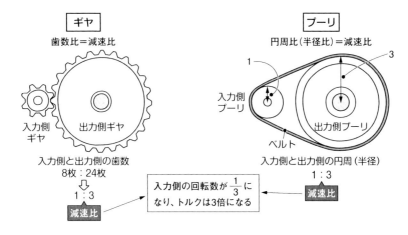

ギヤとプーリの減速比

ギヤ

歯数比＝減速比

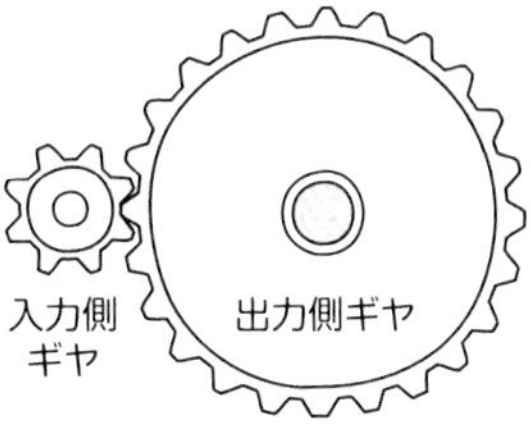

入力側と出力側の歯数
8枚：24枚
⇩
1：3
減速比

プーリ

円周比（半径比）＝減速比

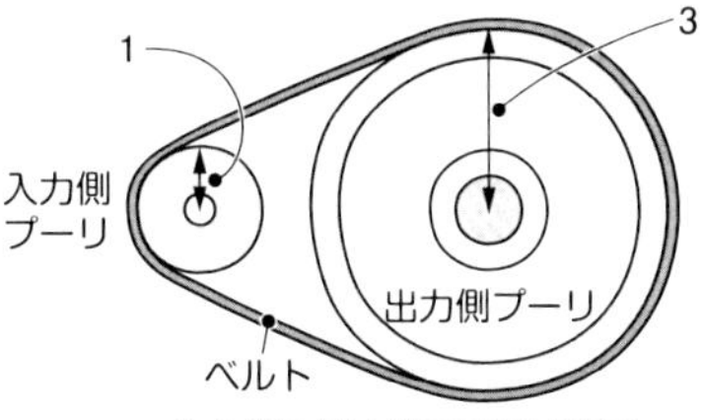

入力側と出力側の円周（半径）
1：3
減速比

入力側の回転数が $\frac{1}{3}$ になり、トルクは3倍になる

POINT
◎モータはギヤなどの減速機構を用いて使用される
◎ギヤによる減速比は歯数比になる
◎プーリによる減速比は回転体の円周比になる

3-4 ギヤを用いたモータの減速機構

ギヤとはどのような機械部品のことをいうのですか？　ギヤにはどんな種類があり、それぞれどのような特徴があるのでしょうか？　また、ギヤヘッドとギヤードモータはどう違うのですか？

◪ギヤの定義

そもそも歯車（ギヤ）とは、JIS（日本産業規格）の定義によると、「歯を順次かみ合わせることによって，運動を他に伝える，又は運動を他から受け取るように設計された歯を設けた部品」です。ちなみに、平成30年に法律が改定され、従来の「日本工業規格」が「日本産業規格」に変わりました。略称の「JIS」はそのままです。

通常、歯車は2枚以上の組み合わせでモータの回転数を減速させ、トルクを増大させます。これを**減速機構**といい、モータの回転を伝える側（入力側）の歯車を**駆動歯車**、伝えられる側（出力側）を**被動歯車**といいます。ギヤには、回転の方向を変えたり、回転運動を直線運動に変換したりするものもあります。

◪ギヤの種類は3つに大別

歯車には多くの種類がありますが、回転軸の方向により3種類（とその他）に大別されます。以下に各種類の歯車をいくつか紹介します。

①**平行軸歯車**：かみ合う2枚の歯車の軸が平行（図の①）。

・平歯車（ひらはぐるま）（スパーギヤ）　・はすば歯車（ヘリカルギヤ）

・内歯車（インターナルギヤ）（図の③遊星ギヤの図）　・ラック〈➡ p53〉　など

②**交差軸歯車**：かみ合う2枚の歯車の軸が1点で交差する（図の②）。

・すぐばかさ歯車（ストレートベベルギヤ）

・まがりばかさ歯車（スパイラルベベルギヤ）　など

③**食い違い軸歯車**：かみ合う2枚の歯車の軸が非平行で交差もしない（図の③）。

・ウォームギヤ　・ねじ歯車（スパイラルギヤ）　など

その他、自動車にもよく使われている**遊星ギヤ**（プラネタリギヤ）（図の③）という、複数の歯車を組み合わせた減速機構もあります。

◪ギヤヘッドとギヤードモータの違い

モータの回転軸に外部から取り付ける、複数のギヤからなる減速機構を**ギヤヘッド**といいます。また、この減速機構をあらかじめ内部に組み込んだモータを**ギヤードモータ**といいます。ギヤードモータという名称はモータの種類とは関係なく、どんなモータでもギヤードモータにすることができます。

ギヤの種類

①平行軸歯車

平歯車

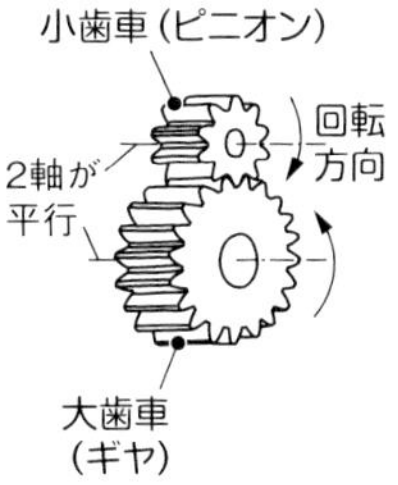

- 回転軸に平行に、直線状に歯筋を切った円筒形のギヤ。
- 最もポピュラーなギヤで、2つの歯車が逆方向に回転する。
- 製作が容易でかつ精度の高い製品が作れる。
- 歯数が多いほうを大歯車（ギヤ）、少ないほうを小歯車（ピニオン）という。

はすば歯車

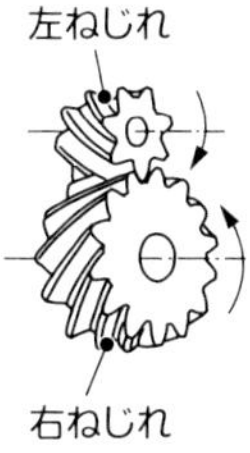

- 2軸は平行だが、歯筋が軸に対してらせん状に切られた円筒形のギヤ。
- かみ合いが歯の傾斜面に沿って連続するため、強度にすぐれる。
- 騒音や振動が小さく、滑らかに回転を伝達できる。
- 正面から見て、歯筋が右肩上がりであるものを「右ねじれ」、左肩上がりを「左ねじれ」という。

②交差軸歯車

すぐばかさ歯車

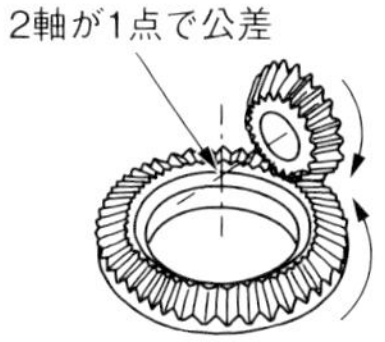

- 円すい形のかさ歯車の一種で、歯筋が軸線に向かってまっすぐである。
- かさ歯車の中では比較的製作が容易。
- 動力伝達用かさ歯車として最も普及している。

まがりばかさ歯車

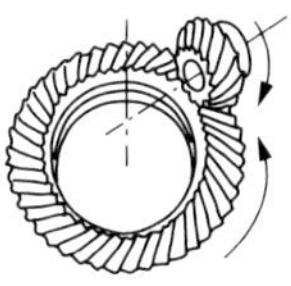

- かさ歯車の一種。歯筋が曲線でねじれている。
- すぐばかさ歯車より強度にすぐれ、騒音も小さい。
- すぐばかさ歯車より製作が難しいが広く使われている。

③食い違い軸歯車と遊星ギヤ

ウォームギヤ

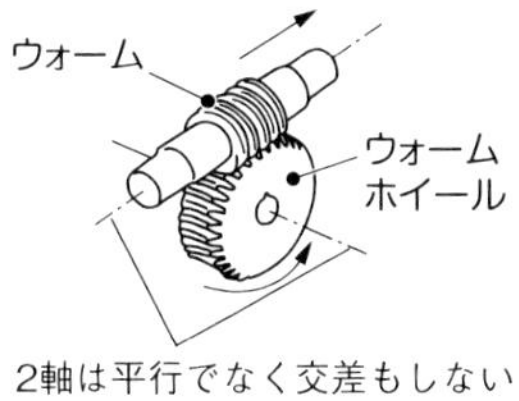

- 円柱にらせん状に歯を切ったねじ状の歯車（ウォーム）と、円板の周囲に歯を切った歯車（ウォームホイール）からなる。
- ウォームからウォームホイールに回転が伝わる。
- 一段で大きく減速することができるが、高速回転には向かない。

遊星ギヤ

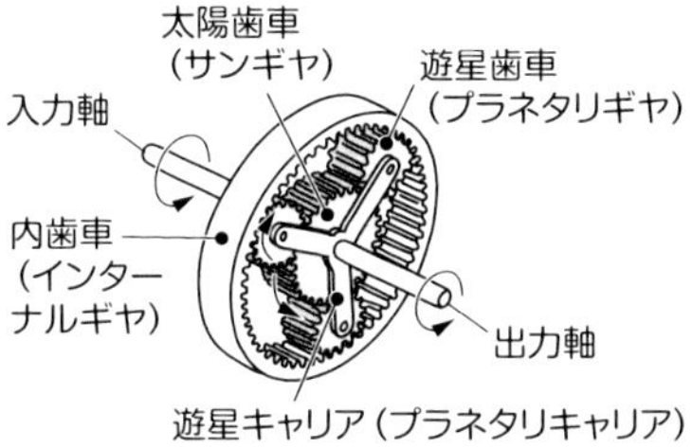

- 太陽歯車（サンギヤ）、遊星歯車（プラネタリギヤ）、内歯車（インターナルギヤ）、遊星キャリア（プラネタリキャリア）からなり、入力と出力を同軸にできる。
- 通常、内歯車を固定し、モータの回転が、入力軸→太陽歯車→遊星歯車→遊星キャリア→出力軸と伝わる。
- 装置をコンパクトにでき、かみ合わせが複数あるので大きなトルクを得られる。
- 歯車が多いので、製作に高い精度が求められる。

POINT

◎ギヤは回転方向を変えたり、回転を直線運動に変換したりすることもできる
◎ギヤは、平行軸歯車、交差軸歯車、食い違い軸歯車に大別できる
◎ギヤによる減速機構を内蔵するモータをギヤードモータという

3-5 ギヤを使わないダイレクトドライブ

ダイレクトドライブとはどのような機構なのですか？　なぜギヤやプーリを使わずに、機器を直接駆動するのでしょうか？　また、ダイレクトドライブのメリットはどんなところにあるのですか？

◤減速機構を持たないダイレクトドライブ

ほとんどのモータは、ギヤやベルト、チェーンなどを使った減速機構を介して機器を駆動しており、これを**間接駆動**といいます。一方、一部のモータはこれらの機構を持たず、直接機器を駆動する方式をとり、これを**ダイレクトドライブ**（**直接駆動**）といいます。ダイレクトドライブに使用するモータを**ダイレクトドライブモータ**といい、「Direct Drive」の頭文字を取って**DDモータ**ともいいます（上図）。ダイレクトドライブモータという名称はモータの種類とは関係なく、基本的にどんなモータでもダイレクトドライブモータにすることができます。

◤減速機構のデメリット

ダイレクトドライブを選択する理由は、減速機構が持つ欠点を排除することにあります。その欠点とは、まず第一に、ギヤを組み合わせて使う場合、ギヤを1枚増やすごとに重くなり、体格も大きくなります。それだけでなく、ギヤの数や歯のかみ合わせが増えた分、摩擦が増大し、エネルギーの損失が増えます。また部品の多さは故障のリスクを増やし、寿命が縮まる要因になります。

そして、歯のかみ合わせには必ず**ガタ**（あそび、**バッククラッシュ**という）があり、歯と歯がぶつかることで騒音を発生するだけでなく、何より回転の正確性の弊害になっています。実は、これが精密機械が減速機構ではなくダイレクトドライブを採用する主たる理由なのです。

◤ダイレクトドライブの利点と用途

ダイレクトドライブ方式は、部品点数が少なくてすみ、軽量でコンパクト、長寿命、騒音も小さいので、古くから扇風機などのファンに使われています。また、定速で安定して回転し高トルクが得られるため、全自動洗濯機にも数多く採用されてきました。現在では、半導体や液晶、電子部品等の製造装置や情報機器、印刷機、医療機器、各種試験機など、回転の正確性が求められるさまざまな機器でダイレクトドライブモータが活躍しています（下図）。

ただし、回転を精密に制御するためにはセンサが必要になるなど、モータの構造が複雑になりがちで、汎用性に乏しく、高価になりやすいなどの欠点もあります。

ダイレクトドライブモータの構造

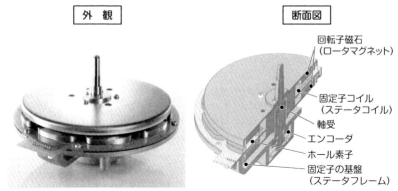

外 観

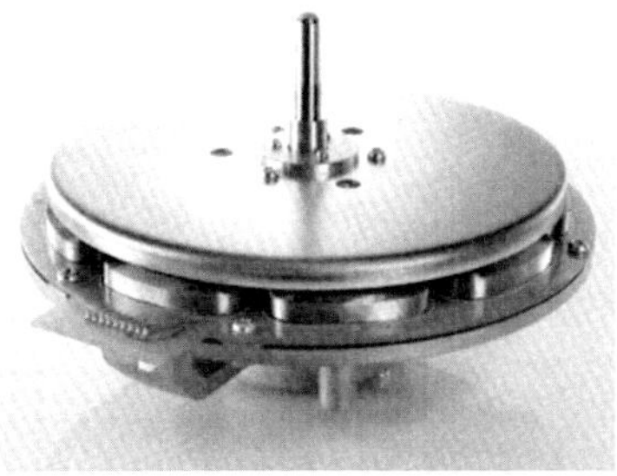

断面図

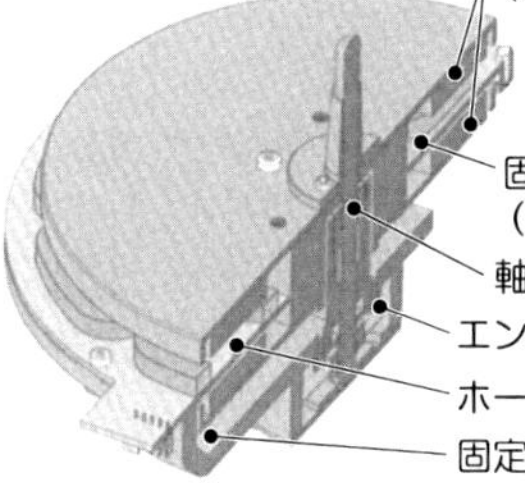

出典：パナソニック「SL-1200G」 図の説明は一部改変

従来はベルトを用いてモータの回転を伝達しターンテーブルを回していたが、ダイレクトドライブモータで直接回転させせることによって、ゴムの消耗で生じる回転ムラや意図しない回転数の変化、ベルトの振動に伴う雑音の発生を解消した。エンコーダやホール素子は回転速度や回転位置を検出するセンサ〈➡p106〉。

ダイレクトドライブモータの使用例

CD/DVD製造ラインの搬送システム

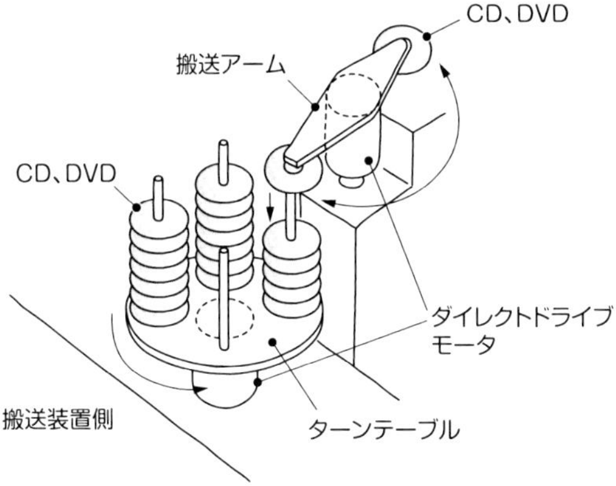

CDやDVDをストックするテーブルの回転と、製造側との間でディスクの受け渡しをする搬送アームの回転にダイレクトドライブモータを使用。搬送は付加価値を生まないため、できるだけ時間を短縮することが必須となり、モータの回転速度の高速化と回転角度の正確さが求められる。

NSK(日本精工(株))の図を参考に作成

POINT
- ◎減速機構を介さずに直接機器を駆動する方式をダイレクトドライブという
- ◎ダイレクトドライブ方式は軽量・コンパクトで、静粛性にすぐれる
- ◎精密に制御されたダイレクトドライブモータは構造が複雑で、高価になる

3-6

モータの制動(1) 電気的制動法

モータの回転にブレーキをかける方法を教えてほしいのですが、電気的制動と機械的制動はどのように違うのですか？　また、発電制動と回生制動は同じものなのでしょうか？

◩モータの制動方法

モータの回転を止めることは簡単で、回路の電源を切って電圧を遮断すればよいだけです。しかし、電圧を遮断しても回転速度（回転数）はすぐには0にならず、慣性力によって惰性でしばらく回転します。精密な駆動が要求される場合は、この「しばらく回転する」時間をできる限り短くする必要があります。

電圧を遮断するだけではなく、積極的に運転中の機器の速度を低下させたり、停止させることを**制動**といいます。そして、制動を行う装置またはシステムを**ブレーキ**といい、ブレーキを内装しているモータを**ブレーキ付モータ**（または**ブレーキモータ**）と呼びます。

モータの制動法は**電気的制動**と**機械的制動**に大別されます（上図）。簡単にいえば、電気的制動は動力源であるモータを逆に制動力源として用いる方法であり、機械的制動〈➡ p64〉は外部からモータの回転を機械的に止める制動法です。

◩主な電気的制動法は3種類

電気的制動法には、主に次の3つがあります。

①**発電制動**：モータの発電作用を利用した方法。電源を切って惰性の回転で発電し、その電力を抵抗で熱エネルギーに変えて消費することで、回転にブレーキをかける（下図）。

②**回生制動**：原理は発電制動とほぼ同じだが、発電作用で生じた電気エネルギーを捨てずに電源に回収する方法。**回生**とは「生き返る」という意味。電気エネルギーを回収するので、損失エネルギーが小さくなるのが利点。電車や自動車で利用されている。

③**逆転制動**：モータの電機子巻線の接続を逆にして急減速させる方法。モータの回転が止まったらすぐに電源を切り、モータを逆回転させないようにする。損失エネルギーが大きいのが欠点。

なお、発電制動と回生制動ではモータの回転を完全に止めるには時間がかかるため、多くの場合、回転数が高いうちはこれら電気的制動を利用し、低回転になったら機械的制動を用いて確実に止めるという方法をとります。

制動法の分類

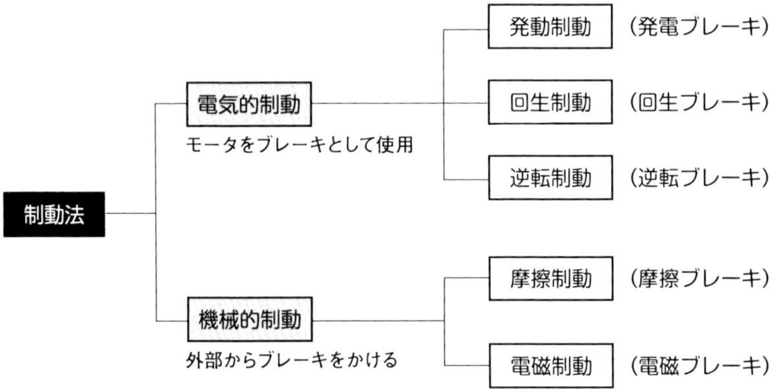

電気的制動のうち発電制動と回生制動ではモータが完全に停止するのに時間がかかるため、機械的制動と並用して使用される。

モータの発電制動

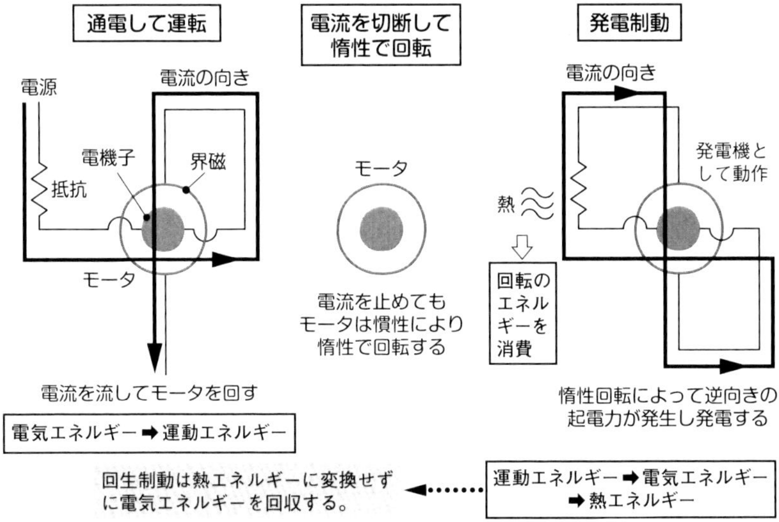

POINT
- ◎モータの制動法は、電気的制動と機械的制動に大別される
- ◎電気的制動法は、モータを制動力源として用いる方法である
- ◎電気的制動法には、発電制動、回生制動、逆転制動などがある

3-7 モータの制動（2） 機械的制動法

機械的制動法にはどのようなものがありますか？　電磁ブレーキには回転体と接触しない方式があるそうですが、接触せずにどのようにしてブレーキをかけるのでしょうか？

◤機械的制動法は２種類に大別

機械的制動法は、装置を使い、外部的な力によってモータを制動する方法です。大まかにいうと、摩擦によって制動する**摩擦ブレーキ**と、電磁気の作用で回転を止める**電磁ブレーキ**に分かれます（上図）。

摩擦ブレーキは、モータの回転で回っている回転体に摩擦材を押し付けて回転を止める方法です。運動エネルギーを熱エネルギーに変換して消費します。摩擦ブレーキには、圧縮空気を利用した**空気ブレーキ**（**エアブレーキ**）、油圧を利用した**油圧ブレーキ**、電気を利用した**電動ブレーキ**などがあります。

◤多彩な電磁ブレーキ

電磁ブレーキにもさまざまなものがありますが、モータのように固定子や回転子などの回転体を持つ構造をしています。そのうち、摩擦や歯のかみ合いなどで制動するブレーキには、通電したときに制動する**励磁作動形ブレーキ**と、通電が切れたときに制動する**無励磁作動形ブレーキ**があります。**励磁**（れいじ）とは電磁石に電流を流して磁束を発生させることをいいます。また、トルクを発生する方法で分類すると、摩擦式、かみ合い式、**空隙式**（くうげき）（非接触式）などがあります。空隙式は回転体どうしの間にすきまがあり、摩擦などの接触を伴わないで制動する方法で、**パウダブレーキ**、ヒステリシスブレーキ、**渦電流ブレーキ**などがあります（下図）。

①**パウダブレーキ**：回転体どうしのすきまに鉄粉（パウダ）を封入し、コイルを励磁すると、発生した磁束に沿って回転体の間で鉄粉が連結する。入力側の回転体が回るとそれが引っぱられ、また鉄粉間に摩擦が生じることで制動力を生む。

②**ヒステリシスブレーキ**：磁気ヒステリシス損失〈➡p48〉を発生させ、モータの回転エネルギーを熱に変換することで制動する。カップ状の回転子と歯形状の固定子からなり、固定子のコイルに電流を流して固定子を励磁すると、回転子との間に磁界が発生し、回転子が回ると逆方向にトルクが発生して制動力を生む。

③**渦電流ブレーキ**：渦電流損失〈➡p48〉を発生させ、モータの回転エネルギーを熱に変換することで制動する。回転しているディスクに電磁石を近づけると、ディスクに渦電流が発生し、回転と逆向きの力がはたらいて制動する。

機械的制動法の種類

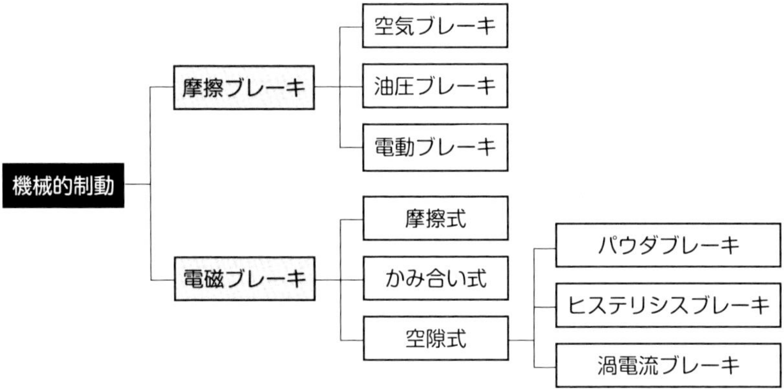

空隙式電磁ブレーキのしくみと制動原理

①パウダブレーキ

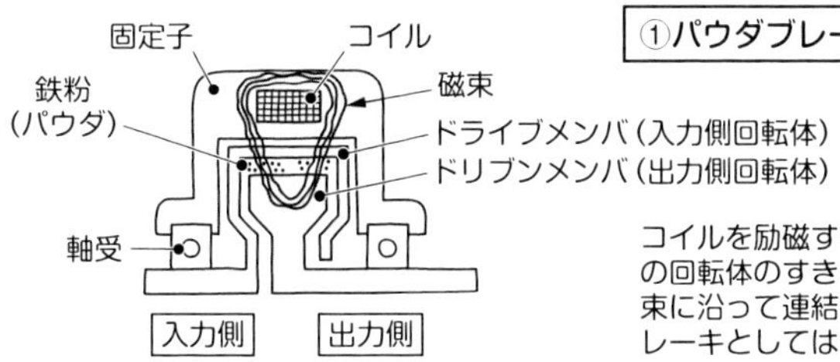

コイルを励磁すると、入力側と出力側の回転体のすきまに封入した鉄粉が磁束に沿って連結する。それが回転のブレーキとしてはたらく。

②ヒステリシスブレーキ

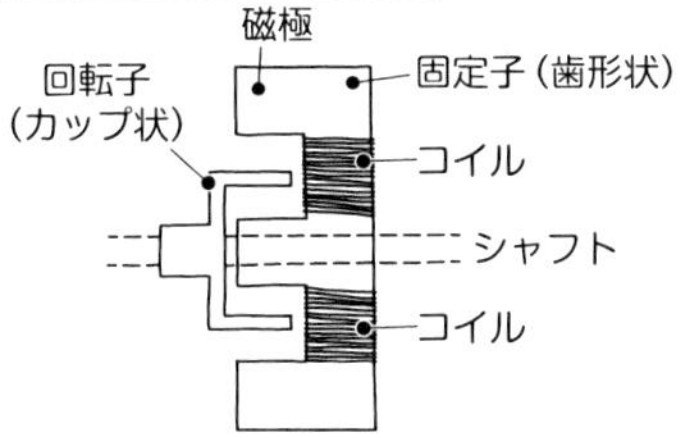

モータのように固定子と回転子からなる。コイルに電流を流して磁極を励磁すると、回転子との間に磁界が発生し、回転子が回るとヒステリシス特性により磁気摩擦が生じる。

③渦電流ブレーキ

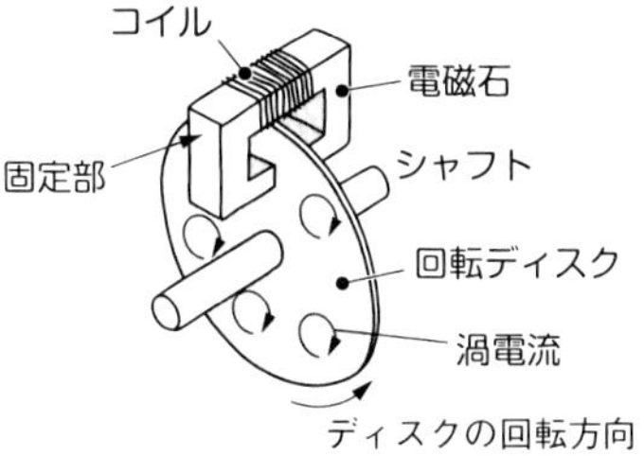

電磁石の磁極の間でディスクを回転させると渦電流が発生し、回転を制動する。アラゴの円板〈➡p24〉を利用したブレーキ。

POINT

- ◎機械的制動法には摩擦ブレーキと電磁ブレーキがある
- ◎電磁ブレーキには接触式と非接触式(空隙式)がある
- ◎空隙式電磁ブレーキはパウダ/ヒステリシス損失/渦電流損失などを利用する

3-8

モータの保護（1） 過負荷と過電流保護

モータに定格以上の負荷トルクがかかったり、電流が流れたりするとどうなりますか？ また、モータや機器に過電流が流れるのを防ぐしくみにはどのようなものがあるのでしょうか？

◪過負荷で流れる過負荷電流

モータを安全に運転するためには、種々の故障や事故から保護するしくみが必要です。よくある故障・事故原因の1つに**過負荷**があります。過負荷とは、モータに定格トルク以上の負荷トルク〈➡p44〉がかかることをいいます。

たとえば、ベルトコンベヤで荷物を搬送するとき、荷物を乗せすぎてモータの定格トルク〈➡p44〉を超えてしまうことがあります。また、段ボールなどが搬送ラインのどこかで機械的に食い込んで、コンベヤを止めてしまうこともあります（上図)。こうしたとき、モータには非常に大きな負荷がかかり、大電流が流れますが、このときの電流を**過負荷電流（オーバーロード）**といいます。

過負荷電流が流れても、一般に短時間定格〈➡p44〉以内ならばモータに問題は起きないものの、短時間定格を超えてさらに流れると、モータの故障や発火事故の原因になります。つまり、過負荷電流とはモータの定格電流を超えて連続して流れる電流であり、モータばかりか、駆動機器、電源、導線（電線）にまで損傷を及ぼします。

◪配線用遮断器による過電流保護

過負荷運転以外でも、モータや機器に短絡（ショート）が生じると大電流が流れ、やはり故障や事故の原因になります。この**短絡電流**と過負荷電流を総じて**過電流**といいます。過電流は定格電流〈➡p44〉を超える大きな電流です。

過電流はいち早く遮断する（**トリップ**という）必要があり、モータの種類によってさまざまなしくみや**モータドライバ**が導入されていますが、回路に設置される配線用過電流遮断器にはサーキットブレーカやサーキットプロテクタ、モータブレーカ（下図）などがあり、いずれも家庭の配電盤についているブレーカと同じ役目をします。モータドライバとはモータを駆動・制御するデバイスです。

サーキットブレーカは電源からの配線に設置され、回路全体の異常を監視し、全体の電流を遮断するのに対して、**サーキットプロテクタ**は並列に分岐した個々の負荷（モータ＋機器）が保護対象で、他の分岐負荷には影響を与えません。そして、**モータブレーカ**はモータの定格電流に応じて過電流を遮断するように設計されたモータ用の遮断器です。なお、**サーキット**（circuit）は英語で「回路」のことです。

過負荷の例

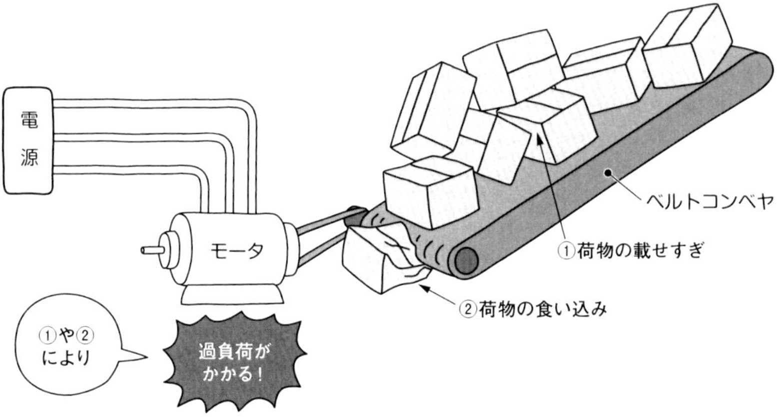

回転中のモータに過負荷がかかると、モータに大きな過負荷電流（過電流）が流れ、モータの巻線温度が上昇して焼き付く恐れがある。

配線用遮断器の配置

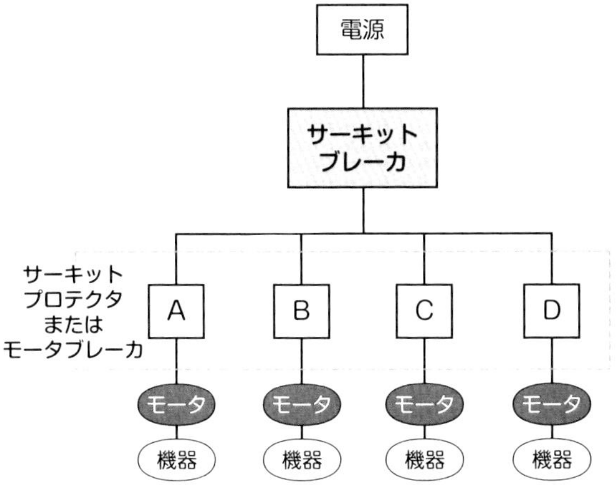

A～Dのサーキットプロテクタまたはモータブレーカは独立しており、1つが電流を遮断しても、他には影響を与えない。

サーキットプロテクタは個々の機器に流れる電流を遮断し、サーキットブレーカは配線の大元を遮断する。モータブレーカはサーキットプロテクタとほぼ同じ役目をするが、対象をモータに特化し、モータの定格電流や短時間定格に応じてブレーカを選択できる。

POINT

◎モータに（定格トルクを超える）過負荷がかかると、過負荷電流が流れる
◎過負荷電流と短絡電流を総じて過電流という
◎配線用遮断器にはサーキットブレーカ、サーキットプロテクタなどがある

3-9

モータの保護（2） 過熱保護

モータにとって熱は大敵ですが、モータの過熱を防ぐ装置にはどのようなものがありますか？　また、インピーダンスプロテクトとはどのような過熱保護手法なのでしょうか？

過熱によるモータの破壊

モータは定格運転していても、銅損や機械損、鉄損によって発熱し温度が上昇します 〈➡ p48〉。そのため、モータはあらかじめ温度上昇範囲を決めて設計する必要がありますが、過負荷や短絡によって過電流が流れると、上限温度を超えて焼き付く恐れがあります。熱によって壊れることを**焼損**（しょうそん）といい、焼損を防ぐためのモータの過熱保護装置にはサーマルプロテクタやサーマルリレーなどがあります。

過熱保護装置の動作

サーマルプロテクタは、モータの巻線温度が設定温度を超えると自動的に接点を開放して電流を遮断します（上図)。配線用遮断器 〈➡ p66〉 と違う点は、サーマルプロテクタはモータの熱を検知するために、モータに内蔵されるところです。

サーマルプロテクタはバイメタルを利用して接点の開閉を行い、モータに流れる電流をオン・オフします。**バイメタル**とは熱膨張率の異なる2種類の金属板を貼り合わせたもので、温度が上昇すると膨張率の大きいほうがよく伸びるために湾曲し、温度が下がると元に戻ります（上図・右上)。この性質を利用して、サーマルプロテクタは温度が一定値以上上昇すると電流を遮断し、温度が正常値まで下がれば自動的に通電が再開するようになっています。

一方、**サーマルリレー**もサーマルプロテクタとほぼ同じ機能を有していますが、サーマルリレーは**電磁接触器（コンタクタ）**と組でモータの外部に設置されており、これを**電磁開閉器（マグネットスイッチ）**といいます。モータに過電流が流れてサーマルリレーのヒータが過熱するとバイメタルが湾曲し、電磁接触器がオフになり、主回路の接点が開いて電流が遮断されます（下図)。なお、**リレー**とは、入力信号を受けて接点の開閉を行う中継装置のことで、日本語では**継電器**といいます。

インピーダンスを大きくするインピーダンスプロテクト

小型のACモータに広く取り入れられた過熱保護手法（装置ではない）に**インピーダンスプロテクト**があります。**インピーダンス**とは交流回路における抵抗のことで、インピーダンスプロテクトはモータの巻線インピーダンスを大きくすることによって、過電流が流れても温度が一定値以上上昇しないように設計するものです。

サーマルプロテクタの構造とバイメタルのはたらき

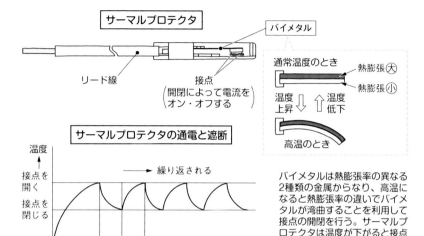

サーマルプロテクタ

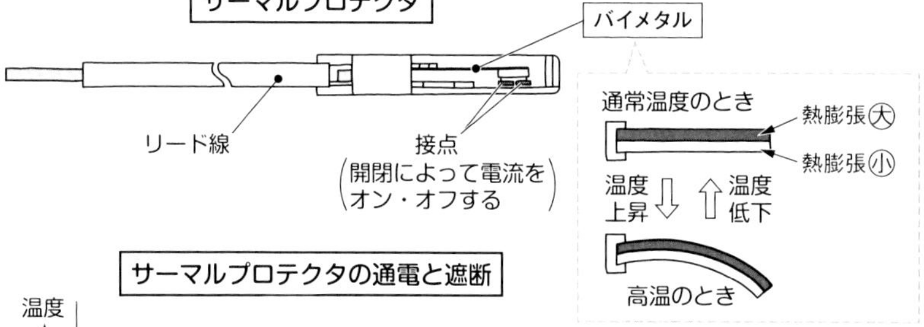

サーマルプロテクタの通電と遮断

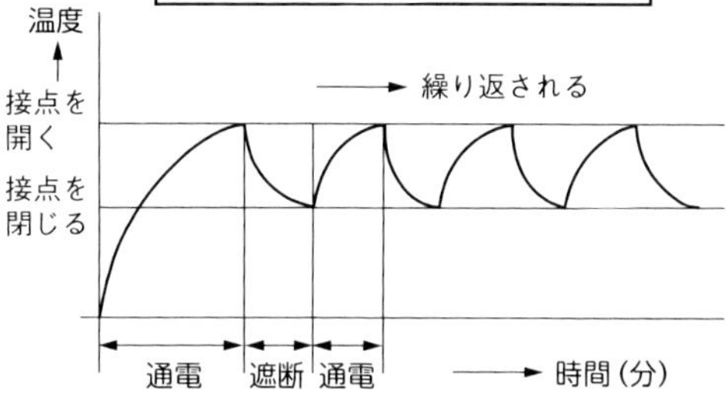

バイメタルは熱膨張率の異なる2種類の金属からなり、高温になると熱膨張率の違いでバイメタルが湾曲することを利用して接点の開閉を行う。サーマルプロテクタは温度が下がると接点が閉じられ、通電を自動的に再開する。

電磁開閉器（マグネットスイッチ）の動作

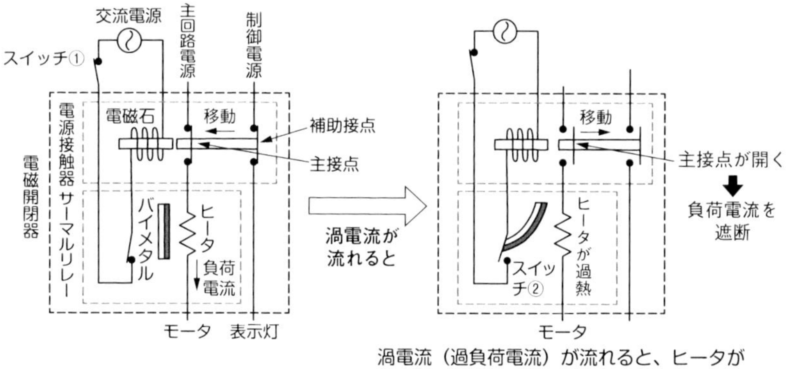

スイッチ①を手動でオンにすると、電磁石が主接点（と補助接点）を引き寄せ、主接点が閉じて負荷電流が流れる。

過電流（過負荷電流）が流れると、ヒータが過熱しバイメタルが湾曲してスイッチ②をオフにし、電磁石の電源が切れる。すると、主接点（と補助接点）が開いて、自動的に主回路の電流（負荷電流）が遮断される。

POINT
- ◎モータが熱によって壊れることを焼損という
- ◎サーマルプロテクタはモータ内蔵型で、熱を検知して電流をオン・オフする
- ◎サーマルリレーは電磁接触器と組でモータの外部に設置される

3-10

モータに発生する振動・騒音の原因

モータが振動したり騒音を発したりするのはなぜですか？　また、振動を放っておくとモータは壊れますか？　モータが振動や騒音を発しないようにするにはどうしたらいいのでしょうか？

◪振動・騒音の原因

回転運動に伴って、モータは大なり小なり必ず振動します。振動は電力のムダ遣いであるだけでなく、回転の精度に影響し、モータが駆動する機器の動作にも影響を与えます。振動が甚だしい場合はモータの絶縁損傷や破壊につながることさえあり、また振動に伴って生じる耳障りな騒音も困りものです。振動・騒音の原因はモータの種類によって千差万別ですが、ここではいくつかの例を簡単に説明します。

モータに発生する振動・騒音の原因を大まかに分けると、回転子の回転によるもの、軸受・ブラシ・ギヤによるもの、電磁力によるものなどがあります。

(1) 回転子の回転による振動・騒音

モータが高速で回転することによって、回転子の振動や風切り音が生じます。回転子の振動がモータのフレーム（外枠）に伝わると、モータ全体の振動となり、騒音が表面から放射されます。DCモータなどでは回転に伴って周期的に電力消費と発電が交互に起こり、これが振動の原因になります。また、回転子の重心と回転中心がずれているとアンバランスによって振動が生じます。これらを防ぐためには、回転子のバランスを修正したり、半導体を使って電流を制御したりします。

(2) 軸受やギヤ、ブラシで発生する振動・騒音

軸受やギヤ、ブラシなどでは摩擦による振動・騒音が発生します。そのため、摩擦が生じないように圧縮した空気によって回転軸を非接触に支える**空気軸受**（**エアベアリング**）（上図）が普及しています。また、永久磁石や電磁石を使用して磁気浮揚させる特殊な非接触形の**磁気軸受**などもあります。ブラシに関しては、そもそもブラシを用いない**ブラシレスモータ**〈➡p100〉も広く普及しています。

(3) 電磁力による振動・騒音

モータ内の磁場が時間的・空間的に変動すると、電機子に作用する電磁力が変化し振動が発生します。一例として、固定子と回転子の中心軸がずれている（**偏心**という）場合、両者の間のすきまが不均一になり、両者間に不平衡な磁気吸引力が生じます。それがモータの振動を引き起こします（下図）。こうした不具合は、両者の回転軸の位置や角度を一致させる精密な組立てで改善できます。

空気軸受の原理

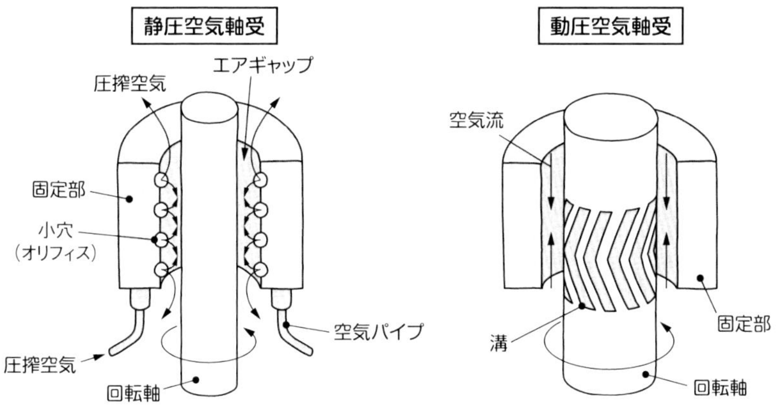

空気軸受には静圧軸受と動圧軸受があり、静圧軸受はコンプレッサから圧搾空気を送って回転軸と固定部のすきまに入れて、空気の層（エアギャップ）をつくる。動圧軸受は回転軸に溝を刻むことで空気流をつくり、回転軸の回転速度が速くなったとき、回転軸と固定部のすきまに大きな空気圧が生まれ非接触となる。

回転軸の偏心

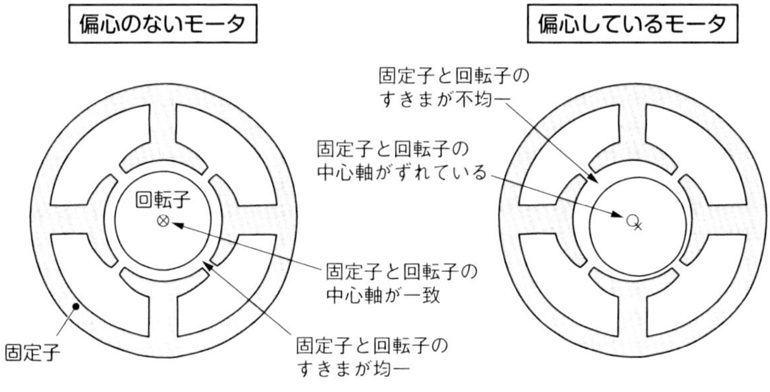

精密につくられたモータでは、固定子と回転子の中心軸が一致している。これがずれている（偏心）と、両者のすきまが不均一になり磁気吸引力が不均衡になることで、加振力（振動を起こす力）が生じ、モータが振動する。誘導モータの場合、加振力は偏心率にほぼ比例して増大する。偏心率とは偏心がないときの固定子と回転子のすき間の幅に対する偏心量（軸ずれ量）の割合をいう。

POINT

- ◎モータの振動・騒音の原因には、回転子の回転、軸受・ブラシ・ギヤの摩擦、電磁加振力などがある
- ◎固定子と回転子の軸がずれていることを偏心といい、振動の原因になる

COLUMN 3

ガソリン車か電気自動車か、
120年前のドライバーも悩んだ

次の車もエンジン車にするべきか、それとも電気自動車を選ぶべきか。実は今から120年以上前の欧米人も現代人と同様に悩んでいました。

車が機械的に自力で走る世界最初の自動車は蒸気機関で動きました。1769年に登場した初期の蒸気車の速度は時速10km以下でしたが、その後イギリスの技術者ジェームズ・ワット(1736-1819)が蒸気機関を改良したことで蒸気車の性能が飛躍的に向上し、欧米で広く普及しました。

次に登場した自動車の心臓はエンジン(内燃機関)ではなく、電磁モータでした。蒸気車の登場からおよそ100年遅れとなりましたが、1873年にイギリスで初めて電気自動車のトラックが実用化されました。エンジン車が誕生したのは電気自動車よりさらに10年余り遅れた1885〜1886年頃です。

19世紀末から20世紀初頭にかけては、市中を蒸気車と電気自動車、エンジン車の3種類が駆け回っていました。「次に買うべき自動車はどれか」。ドライバーや投資家たちは頭を悩ませていましたが、当時販売競争で頭一つ抜けていたのは電気自動車でした。彼の発明王トーマス・エジソン(1847-1931)も電気自動車陣営に加わり、エジソンは自ら開発した蓄電池を搭載した電気自動車を3台試作しました。

しかし、電気自動車の勢いは長くは続きませんでした。電気自動車がエンジン車よりもすぐれていたのは、電磁モータがエンジンより構造が簡単でエネルギー効率が高いことでしたが、蓄電池の性能が低いために頻繁に充電しなければならないという致命的な欠点を抱えていました。そのため、コストパフォーマンスにすぐれたT型フォード(ガソリンエンジン車)が1908年にアメリカで発売されると、瞬く間に電気自動車は駆逐されてしまいました。

それから1世紀を経たいま、時代は電気自動車へ回帰しつつあります。欧州委員会は2035年からハイブリッド車を含むガソリン車及びディーゼル車の新車販売を禁止する予定です。

第4章

DC（直流）モータの種類としくみ

Types and mechanism of DC (direct current) motor

4-1 DCモータの分類

電磁モータを大まかに分類するとどのようになりますか？　また、DCモータにもいろいろな種類がありますが、どのような基準で分類すればよいのでしょうか？

◪どの特徴で電磁モータを分類するか

モータには非常に多くの種類があり、それらの構造や特徴の違いを把握するのはひと苦労です。モータを統一的に理解するには、まずモータを分類することが欠かせませんが、分類するのにもいろいろな考え方があり、メーカや研究者によって千差万別です。その理由は、たとえば電源が直流（DC）と交流（AC）で違っていても電機子の回転機構がよく似たモータがあるなど、異なるモータにも共通する特徴と相違する特徴が混在しているからです。こうした場合、どちらの特徴を優先するかで分類のしかたが変わってきます。

電磁モータは始めに電源の種類で分けるのが一般的で、本書もこれにならいます（上図）。しかし、まずモータの使用目的（動力源か機器制御用か）や、回転機構（整流子形か、回転磁界形か）によって大別する方法もあります。**回転磁界**〈➡p102〉とは、固定子上の複数コイルに順番に電流を流してつくる磁界のことです。

モータを学んでいてややこしいのは、各種モータの名称が1つに統一されていないことです。たとえば、整流子とブラシを持つ**DCブラシモータ**は、**DCブラシ付きモータ**とか**DC整流子モータ**、あるいは単に**DCモータ**とも呼ばれています。

◪DCモータの分類

本書ではまず、モータを電源電流の違いで、直流で作動するDCモータ、交流で作動するACモータ、直流パルス電流で作動するモータに大別しています。**パルス電流**〈➡p96〉とは、短時間だけ瞬間的に流れることが繰り返される電流をいいます。

DCモータの分類では、最初に、界磁が永久磁石によるか、電磁石によるかで分けます（下図）。**電磁石界磁**は鉄心にコイルを巻いているので**巻線界磁**ともいいます。**永久磁石界磁形DCモータ**は回転子の鉄心の特徴から、スロット形、スロットレス形、コアレス（無鉄心）形に分かれ、**巻線界磁形DCモータ**は界磁巻線と電機子巻線の接続のしかたの違いによって、**分巻**（ぶんまき）、**直巻**（ちょくまき）、**複巻**（ふくまき）などに分類されます。また、界磁巻線と電機子巻線が接続されておらず、両者の電源が別々であるモータを**他励モータ**といいます。対して、両者の電源が共通している場合を**自励**（じれい）といいます。ただし、「自励モータ」という表現はあまり一般的ではありません。

電磁モータの大分類

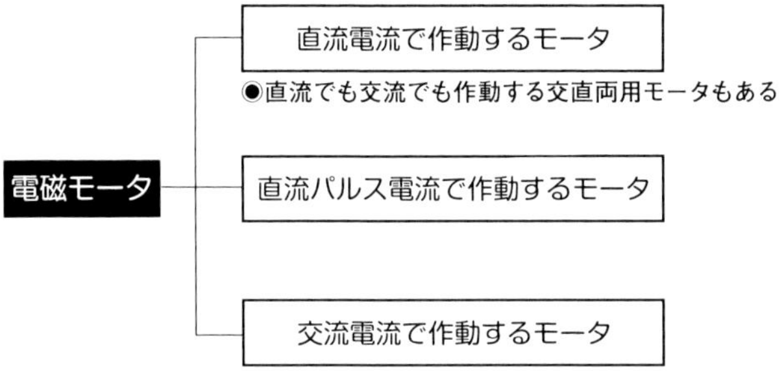

電磁モータをまず電源の種類によって大別すると、DCモータ、パルス電流で作動するモータ、ACモータになる。直流と交流の両方で作動する交直両用モータは、ユニバーサルモータとも呼ばれる。

DCモータの分類

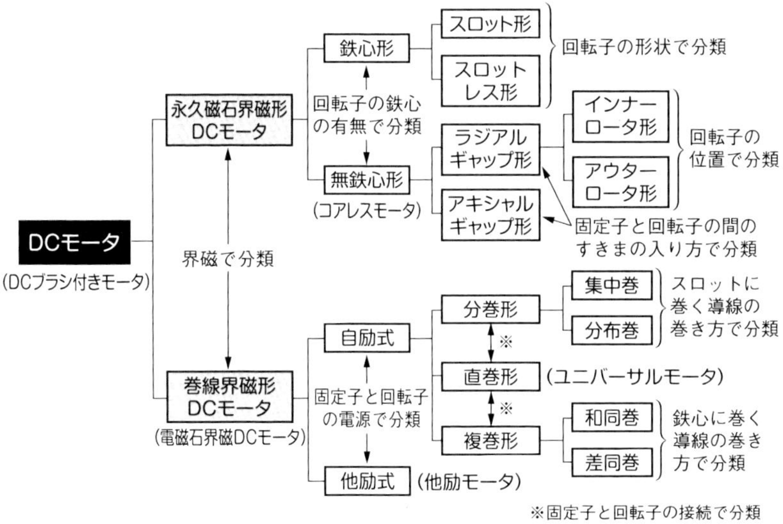

DCモータをまず界磁が永久磁石か電磁石かで大別する。永久磁石界磁形では、回転子の鉄心の有無、回転子の形状、固定子と回転子のすきま、回転子の位置などで分類する。また巻線界磁形では、固定子と回転子の電源や両者の接続方法、鉄心やそのスロット(溝)に巻く導線の巻き方などで分類する。

POINT

- ◎電磁モータは電源の違いで、DCモータ、直流パルス電流で作動するモータ、ACモータに大別される
- ◎DCモータは界磁、回転子の構造や形状、電機子の電源などで分類される

4-2

永久磁石界磁形モータ(1) 形状と構造

DCブラシモータの永久磁石界磁形と巻線界磁形では何がどのように違うのですか？　また、ブラシや整流子はなぜ交換する必要があるのでしょうか？

◪DCブラシモータが広く普及している理由

世界でいちばん普及しているモータがDCブラシモータです。人気の理由は、安価で小形軽量化が容易、乾電池につなげばすぐに使え、起動トルクが大きいからです。そのため、用途に応じて多彩な形状の製品が作られています（上図）。

もっとも、DCブラシモータは界磁が永久磁石か電磁石かで2種類に分かれます。前者をフルネームでいうと**永久磁石界磁形DCブラシモータ**で、最も普及しているのはこちらです。後者は**巻線界磁形DCブラシモータ**もしくは**電磁石界磁形DCブラシモータ**といい、電磁石を巻線と言い換えるのは、電磁石が鉄心に導線を巻いた構造をしているからです。ちなみに、モータでは鉄心に巻いた導線の形状を、単体では**コイル**と呼び、コイルどうしを結線した状態では**巻線**と呼ぶのが一般的です。ただし、本書ではコイルと巻線の表記を基本的に区別せずに使用します。

ここではまず永久磁石界磁形DCブラシモータから説明します。

◪ブラシと整流子は消耗品

永久磁石界磁形DCブラシモータは、周囲の固定子に永久磁石が取り付けられ、導線を巻いた回転子が中央に配置されています。下図は、固定子の永久磁石を取り払って、中身の構造を示したものです。巻線の端に整流子が接続され、これとブラシ（電極）が接触したり離脱したりする構造になっています。整流子は主に銅製ですが、ブラシの材質には金属、カーボン、貴金属などがあります。**金属ブラシ**は低コストで多くの製品に使用されており、**カーボンブラシ**は出力の高いモータに、**貴金属ブラシ**は定出力のモータに使用されています。

ブラシと整流子は接触と離脱を繰り返すために騒音の原因になるほか、摩耗・劣化します。したがって、この2つの部品は消耗品であり、定期的な点検と交換が必要になります。そのため、ブラシと整流子の機構を持たない、メンテナンスフリーの**ブラシレスモータ**〈➡p100〉が開発されています。

なお、2章でモータの構造や回転原理〈➡p32〉、トルクと回転数・電流の特性〈➡p36〉、逆起電力〈➡p46〉を説明していますが、これらは永久磁石界磁形DCブラシモータをもとにしたものですので、参照してください。

DCブラシモータの多彩な形状

①ラウンドタイプ

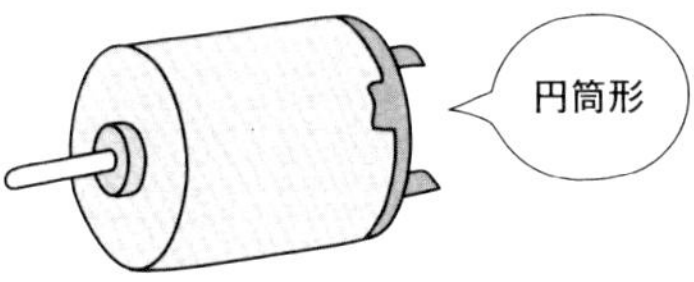

②フラットタイプ

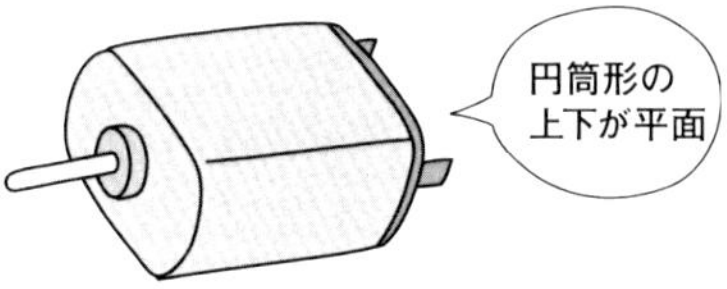

③スクウェアタイプ

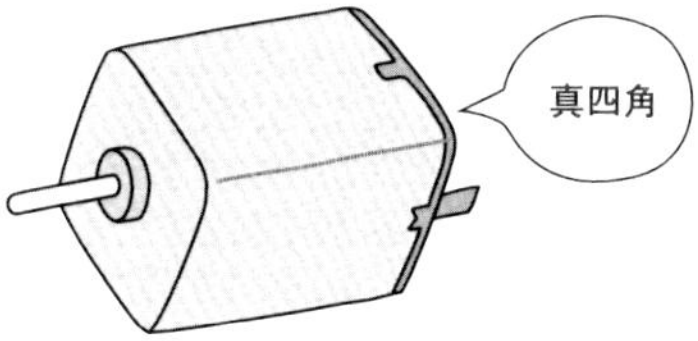

モータの中で最も広く普及しているDCブラシモータは、用途に応じて多彩な形状の製品が作られており、おもちゃや家電製品、電動工具などさまざまな電動機器に使用されている。

永久磁石界磁形DCブラシモータの構造

固定子の永久磁石を取り払った中身

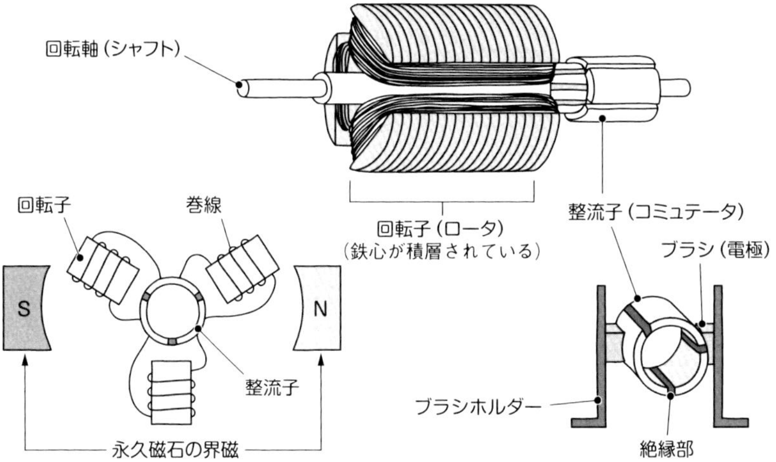

永久磁石界磁形DCブラシモータの構造上の特徴は、永久磁石を界磁に使用していることと、ブラシ・整流子を持つこと。ブラシと整流子の接触･離脱によって電流の向きがたえず変わることで、回転子が連続して回転する。

POINT

◎DCブラシモータには永久磁石界磁形と巻線界磁形(電磁石界磁形)がある
◎世界で最も広く普及しているのは永久磁石界磁形DCブラシモータである
◎ブラシと整流子は消耗品であり、点検と交換が必要である

4-3 永久磁石界磁形モータ(2) スロット形モータ

永久磁石界磁形モータの回転子はどのような形をしているのですか？ また、スロットの数と固定子の磁極の数にはどのような関係があるのでしょうか？

◩スロット形回転子の構造

永久磁石界磁形DCブラシモータは、回転子の導線に電流が流れて電磁石になり、固定子の永久磁石の磁力と吸引･反発することで回転します。回転子は、鉄心があるもの（鉄心形）と鉄心がないもの（無鉄心形）〈➡ p82〉に分かれます。

鉄心は薄い鉄板を積層して作られていますが（上図)、わざわざ薄い鉄板を重ねるのは渦電流による損失〈➡ p48〉を減らすためです。渦電流は磁束と垂直な方向に発生するので、断面積が小さいほど渦電流が小さくなります。

また、鉄心形のモータのうち**スロット形モータ**では、導線を鉄心にある溝（**スロット**という）に巻きます。最も基本的なタイプは､固定子の磁極が2極（N極とS極）に対してスロットが3つで、これが回転子がどの角度からでも始動できる最少の組み合わせになります。なお、鉄心の飛び出た部分を**突極**（とつきょく）（鉄心突極）といいます。

◩固定子の極数と回転子のスロット数

固定子の永久磁石は必ずN極とS極がペアで配置されるので、磁極の数（**極数**という）は必ず偶数（2の倍数）になります。永久磁石界磁形では2極または4極のモータが一般的で、2極のものを**2極モータ**（または**2極機**)、4極のものを**4極モータ**（または**4極機**）と呼びます。N極とS極が交互に配置されるので、4極モータではN極どうし、S極どうしが向き合います（中図)。

一方、回転子のスロット数は［スロット数÷極数］が割り切れない（整数にならない）ように設定するのが一般的で、2極の場合のスロット数は奇数になります。

◩2極3スロットモータの回転

固定子の極数が2、回転子のスロット数が（突極数も）3の永久磁石界磁形DCブラシモータの回転原理を下図に示しました。回転軸に取り付けられている整流子の数は3つで120°ごとに配置され、固定子に取り付けられたブラシは2つです。

この2極3スロットモータでは、60°回転するごとに3つの突極のうち1つの磁性が交代で、N極→磁性なし（中性点）→S極（または、S極→磁性なし→N極）と変化し、120°回転するごとに回転子の磁性が最初の配置にもどります。途中、磁性なしになるのはブラシと整流子の接触が途切れて巻線に通電されないためです。

スロット形の鉄心と渦電流対策

3スロットの鉄心

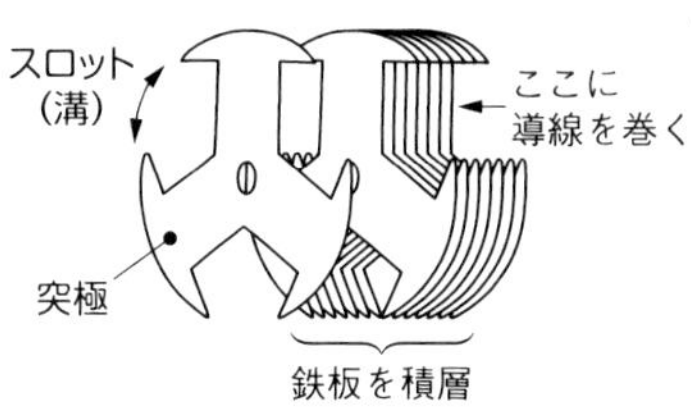

スロットと突極は同数になる。
突極に巻かれた導線を回転子巻線(コイル)または電機子巻線(コイル)という。

積層鉄心が渦電流を弱める

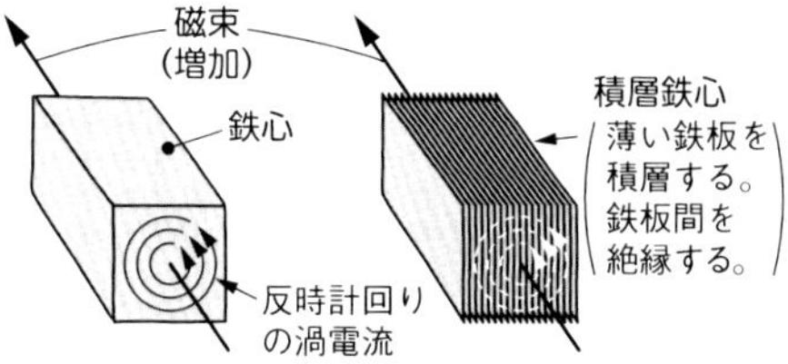

厚い鉄心を貫く磁束が変化すると、磁束の回りに渦電流が生じる。薄い鉄板が磁束に平行になるように積層すると、渦電流が弱まる(磁束を寸断する向きに並べるのでは弱める効果はほぼない)。

固定子磁極と磁束の流れ

2極モータ

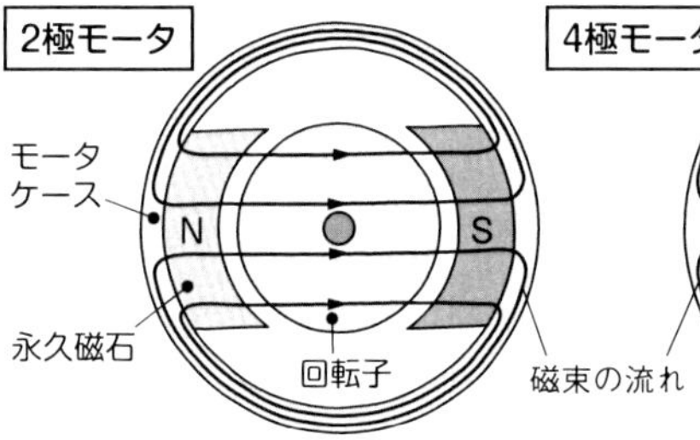

4極モータ

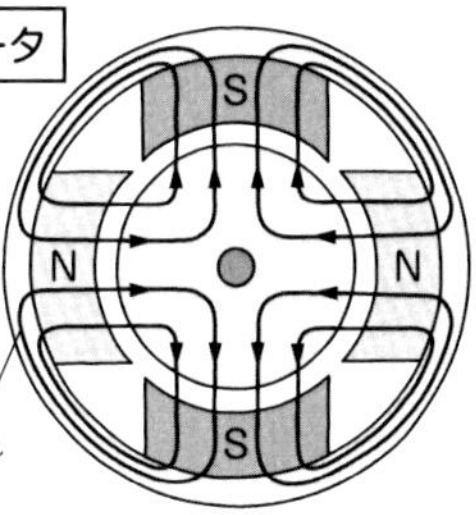

2極モータでは、回転子をはさんでN極とS極が向き合い磁束は回転子を貫く。4極モータでは、N極とN極、S極とS極が向き合い、磁束は隣り合う磁極の間で流れる。

2極3スロットモータの回転原理

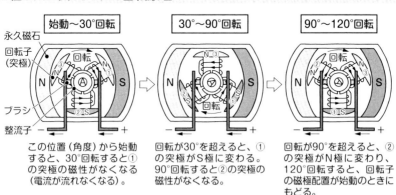

始動〜30°回転

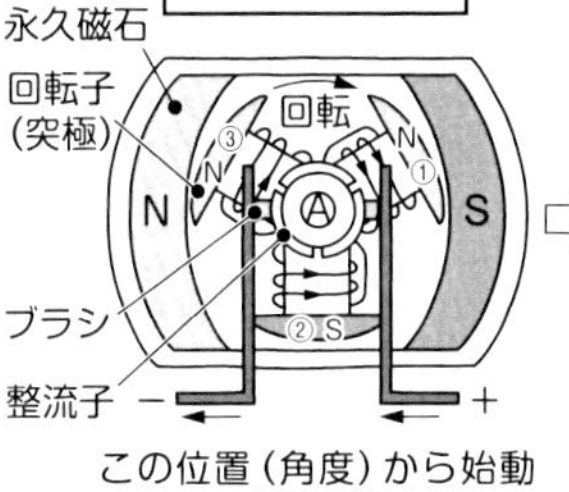

この位置(角度)から始動すると、30°回転すると①の突極の磁性がなくなる(電流が流れなくなる)。

30°〜90°回転

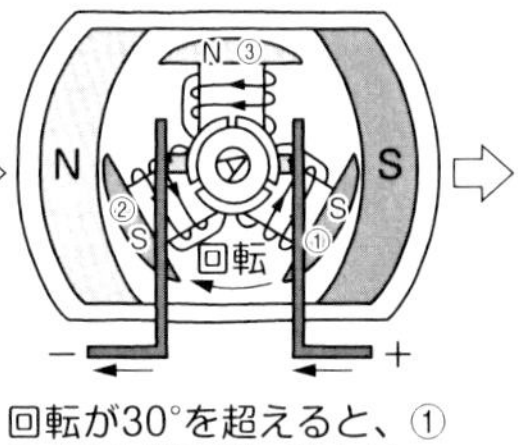

回転が30°を超えると、①の突極がS極に変わる。90°回転すると②の突極の磁性がなくなる。

90°〜120°回転

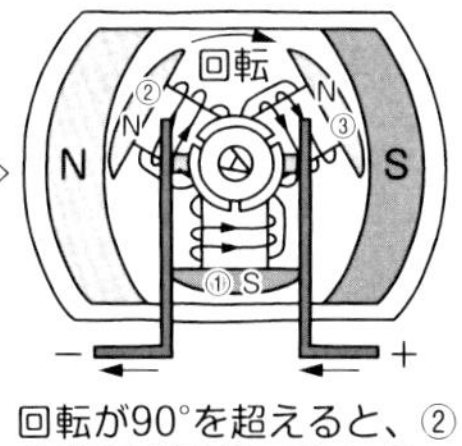

回転が90°を超えると、②の突極がN極に変わり、120°回転すると、回転子の磁極配置が始動のときにもどる。

POINT
- ◎鉄心が薄い鉄板の積層構造であるのは、渦電流損失を減らすためである
- ◎永久磁石界磁形の極数は必ず偶数である
- ◎2極3スロット形は回転子がどの角度からでも始動できる最少の形式

4-4

永久磁石界磁形モータ(3) スロットレスモータ

モータが振動したり騒音を出したりすることに、鉄心のスロットが関係しているのですか？　また、スロットレスモータでは、スロットがないことでどのような利点や欠点があるのでしょうか？

◩モータの振動原因① トルクリップル

スロット形モータでは、回転トルクの大きさが周期的に変動し、これを**トルクリップル**といいます。リップル（ripple）とは英語で「脈動」を意味します。トルクリップルの原因は多岐にわたりますが、そのうちの1つはスロットに関係しています。

永久磁石界磁形ではつねに同じ大きさの界磁があり、電流が一定の場合、突極には界磁に垂直な向きに一定の電磁力（ローレンツ力）がはたらきます。しかし、トルクは回転方向（接線方向）の成分なので、トルクの大きさは回転位置によって異なり、1つの突起のトルクはサインカーブを描いて周期的に変動することになります（上図）。したがって、突極の数（＝スロットの数）が少ないとトルクリップルが大きくなり、多いほど合計波形が平坦になりトルクリップルは小さくなります。

◩モータの振動原因② コギングトルク

一方、無通電時にモータの回転軸を手で回すと、コリコリとした感触を感じますが、これは**コギングトルク**によるものです。コギングトルクは固定子の永久磁石と回転子とのすきま（ギャップ）に関係し、回転子の位置によって固定子の永久磁石から出た磁束が鉄心突極に流れ、両者の間に磁気的引力が生じることが原因で発生します（中図）。モータ駆動時には、コギングトルクは細かな振動（**コギング**という）を引き起こします。ただし、スロット開口部を狭くすることで低減できます。なお、コギング（Cogging）とは英語で「（歯車などの）歯」を意味します。

◩振動原因を取り除いたスロットレスモータ

トルクリップルもコギングトルクも騒音や振動の原因になり、モータが駆動する機器の制御性にも影響します。そこで、両弊害ともスロットが関係しているのなら、いっそのことスロットを取り払ってしまったのが**スロットレスモータ**です。鉄心が単なる円筒形になるので**平滑鉄心モータ**ともいい、その円周に導線を巻き、ずれないように樹脂で固めます（下図）。

スロットレスモータは振動が抑えられ、回転が滑らかになる反面、モータの出力を大きくできないという欠点があります。ちなみに、巻線界磁形でもスロットレスモータをつくれますが、永久磁石界磁形にするのが一般的です。

2極3スロットモータの回転に伴うトルクリップル

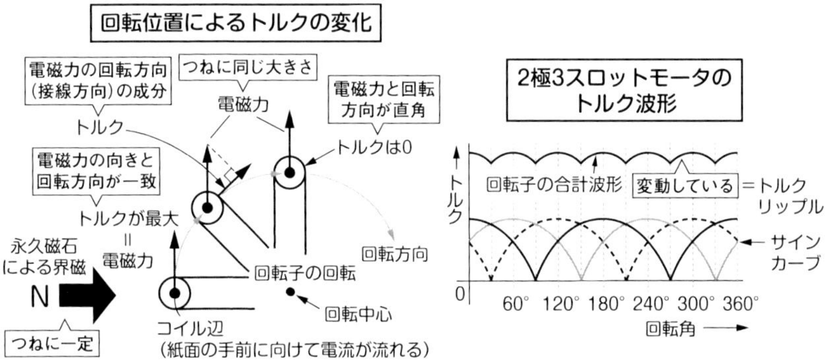

永久磁石界磁で電流の大きさが一定の場合、回転子にはつねに一定の電磁力がはたらくが、トルクは電磁力の回転方向(接線方向)の成分なので、突極の回転位置(角度)に応じてトルクは周期的に変動する(トルクリップル)。3スロット形のモータでは、個々の突極のトルク波形は120°ずつずれてサインカーブを描く。スロット数(突極数)が多いほどトルクリップルは相殺され、回転が滑らかになる。

コギングトルク

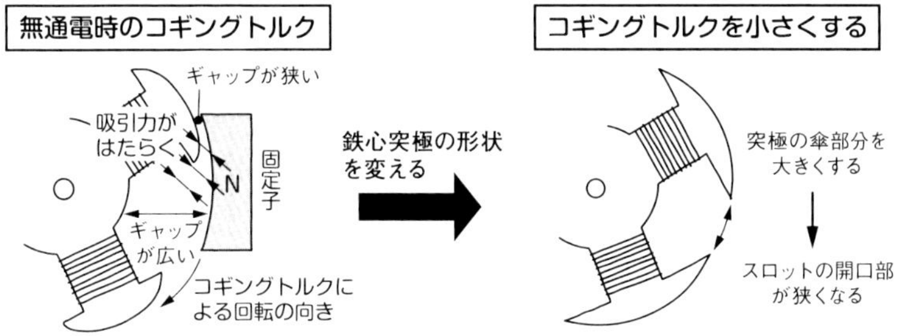

固定子と回転子鉄心の形状によりギャップに差があると、ギャップが狭い鉄心突極と固定子の間に磁気的吸引力が生じ、コギングトルクが発生する。

スロット開口部が狭くなると、ギャップが広い部分が小さくなるので、コギングトルクを低減できる。

スロットレスモータ

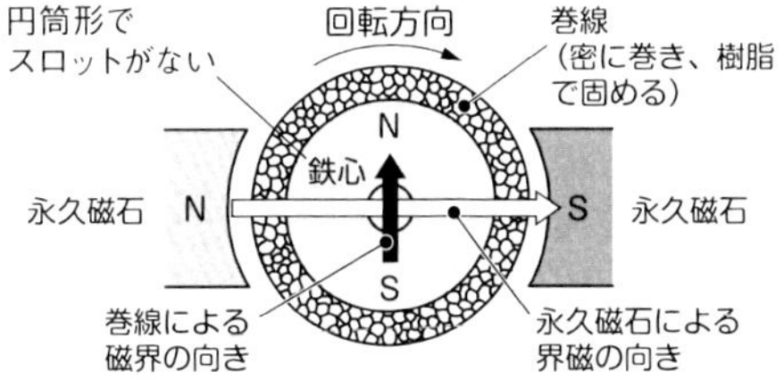

スロットをなくしたことでトルクリップルとコギングトルクを小さくできるほか、巻線を密に数多く巻くと巻線による磁界がつねに界磁に対して直角になり、回転にムラが出にくくなる。その反面スロット形に比べて巻線の長さに限界があり、出力が小さくなるので、それを補うためにはより強力な永久磁石が必要となる。

POINT
- ◎モータの回転に伴って生じるトルク変動をトルクリップルという
- ◎コギングトルクは無通電でも生じるが、駆動中は振動や騒音を引き起こす
- ◎スロットレスモータは回転が滑らかだが、出力が小さい

4-5 永久磁石界磁形モータ(4) コアレスモータ

回転子に鉄心がないコアレスモータは、電磁石として磁力が弱くなりますが、どんな利点があって鉄心を取り去っているのですか？　また、コアレスモータはどのような機器に使用されているのでしょうか？

◩鉄心がないモータ

鉄心（コア）からスロットを取り去ったスロットレスモータから、鉄心そのものを取り去ったモータを**コアレスモータ**といいます。別名、**無鉄心モータ**とか**アイアンレスモータ**といい、またコイルだけが回転することから**ムービングコイル形モータ**とも呼ばれます。モータの原理・構造からあえてフルネームでいうと、「永久磁石界磁形DCブラシ付きコアレスモータ」になります。ただし、ブラシを持たないブラシレスモータ〈➡p100〉にもコアレスモータがあります。また、原理的には巻線界磁形〈➡p86〉でもつくれますが、一般に永久磁石界磁形がほとんどです。

鉄心がないと巻線が固定されないので、ばらけないように樹脂などで固め（上図）、これが回転子になります。ちなみに、コアレスモータに対して、鉄心のあるモータは**コアードモータ**といいます。

◩鉄心を捨てて、失ったことと得たこと

しかし、そもそも鉄心は回転子が電磁石として強い磁力を持つようにコイルの中に挿入されたものです。それをなくしてしまったら、磁力が弱くなってしまうのではないか。事実そのとおりで、コアレスモータの回転トルクはコアードモータに比べて小さくなります。おまけに、鉄心がなく導線を巻いただけの回転子は機械的強度も弱くなるので大型化しにくく、電流を流すと発熱によってさらに強度が低下するため、大きな電流も流せず、高出力用途には向きません。

しかし、その一方でコアレスモータにはメリットが数多くあります。まず、コアードモータは重い鉄心があることによってイナーシャ（慣性モーメント）が大きく、始動や加減速時の応答が鈍いという欠点があります。その点、イナーシャが極端に小さいコアレスモータは即応性にすぐれます。また、鉄心がないために、そもそも鉄損がなく、渦電流が発生することもないため、エネルギー損失がない高効率モータになります。ほかにも、トルク変動やコギングが小さいなどの利点があります。

こうした特性を持つコアレスモータは、小形で軽量、高い制御能力などを生かして精密機器やロボットなどに広く使われています。下表に、コアレスモータの利点と欠点、主な用途をまとめました。

コアレスモータ

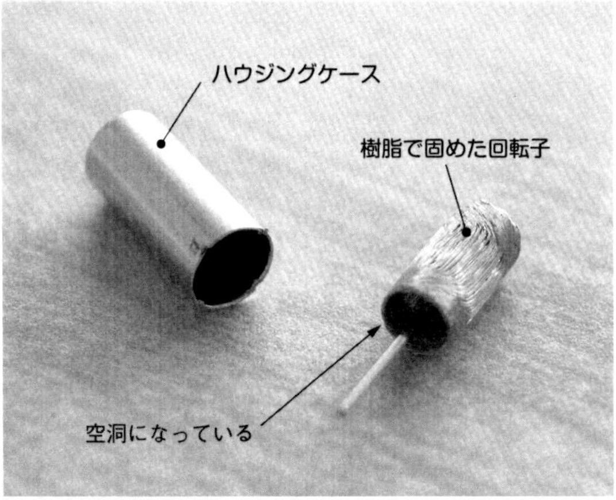

©Avsararas

コアレスモータの利点・欠点と主な用途

		主な用途例
利点	小形・軽量化が容易	◉ロボット 関節駆動用 ◉スマートフォン カメラレンズのオートフォーカス用 振動用 ◉ATM カード搬送用 紙幣搬送・計数用 ◉ドローン プロペラ駆動用 カメラ制御用 ◉パソコン 冷却用ファンモータ
	構造が簡単	
	高速回転が可能	
	イナーシャ(慣性モーメント)が小さい →機械的時定数〈➡p40〉が小さい →始動・加減速・停止・逆転などの応答性にすぐれ、制御力が高い	
	コイルのインダクタンス〈➡p42〉が極めて小さい →電気ノイズが非常に小さく、整流時のスパーク(火花)も少ない →ブラシの摩耗が少なくなり、電気抵抗の小さい金属ブラシが使える	
	鉄損、渦電流損〈➡p48〉がなく高効率	
	トルク変動が小さく、コギング〈➡p80〉も発生しない →回転が滑らかで、振動や騒音が小さい	
	鉄心を取り去った空洞を利用できる →ギヤやセンサを入れるなどして、システムをコンパクトにできる	
欠点	低トルク、低出力 →性能を上げるには磁力の強い高価な磁石などが必要	
	コイルの機械的・電気的強度が弱い →大形モータにできない	
	コイルの製造コストが高い	

POINT

◎コアレスモータはスロットレスモータから鉄心(コア)を取り去ったもの
◎コアレスモータはコアードモータと比べて低出力で、大型化も難しい
◎コアレスモータは高い制御力を持つため、精密機器などに使用されている

4-6 永久磁石界磁形モータ(5) ラジアル形とアキシャル形

コアレスモータのラジアルギャップ形とアキシャルギャップ形では何が違うのですか？　また、インナーロータ形とアウターロータ形では、超小型モータはどちらでしょうか？

◩カップ形とフラット形のコアレスモータ

コアレスモータの回転子コイルには、円筒状の**カップ形**と偏平な円板状の**フラット形**の2種類があり、どちらも無鉄心で、導線だけで成型され、樹脂などで固められています（上図）。カップ形というのは、円筒状で文字通りの筒抜けでは回転軸を固定できないため、円筒の片方の端を円板でふたをしたものです。これを回転子としたモータを**ラジアルギャップ形コアレスモータ**といいます。ラジアル（radial）とは英語で「放射状の」「半径方向の」という意味で、半径方向にギャップ（すきま）があるため**径方向空隙形コアレスモータ**ともいいますが（上図・左)、回転子の形状から**カップ形コアレスモータ**と呼ばれることもあります。

◩ラジアルギャップ形の構造

ラジアルギャップ形コアレスモータは、回転子と固定子の位置関係の違いで2つに分類され、回転子を固定子の内側に配置したものを**インナーロータ形**（または**内転形、外部磁石形**)、回転子を固定子の外側に配置したものを**アウターロータ形**（または**外転形、内部磁石形**）といいます（中図)。インナーロータ形はカップ形回転子の中に回転軸しかなくムダな空間が大きいものの、永久磁石を大きくして界磁を強め、制御性の高いモータをつくることができます。対して、アウターロータ形はカップ内に永久磁石を納めることで、超小型モータをつくることができます。

◩アキシャルギャップ形の構造

一方、偏平なフラット形回転子コイルを使用したコアレスモータは、円板状の回転子と永久磁石が向かい合い、回転軸と平行な方向にギャップが広がっているため(上図･右)、**アキシャルギャップ形コアレスモータ**といいます。アキシャル（axicial）とは英語で「軸方向の」という意味です。ただし、このモータにも非常に多くの呼び名があり、**フラット形コアレスモータ**、**パンケーキ形コアレスモータ**、または**軸方向空隙形コアレスモータ**、さらに薄型化されることから**シート形コアレスモータ**、**ディスク形コアレスモータ**などと呼ばれ、プリント基板と同じ製法でつくられることから**プリントモータ**ともいわれます。アキシャルギャップ形コアレスモータは正確な回転数で回る必要がある小形の情報機器やAV機器で広く使われています（下図)。

ラジアルギャップ（左）とアキシャルギャップ

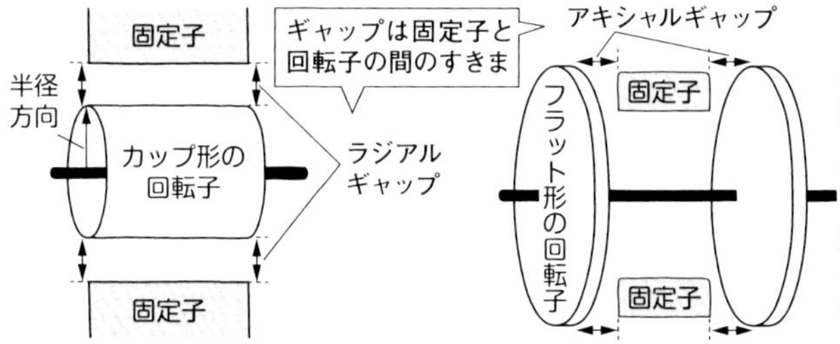

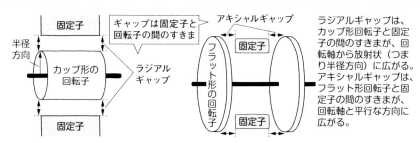

ラジアルギャップは、カップ形回転子と固定子の間のすきまが、回転軸から放射状（つまり半径方向）に広がる。アキシャルギャップは、フラット形回転子と固定子の間のすきまが、回転軸と平行な方向に広がる。

ラジアルギャップ形コアレスモータの構造

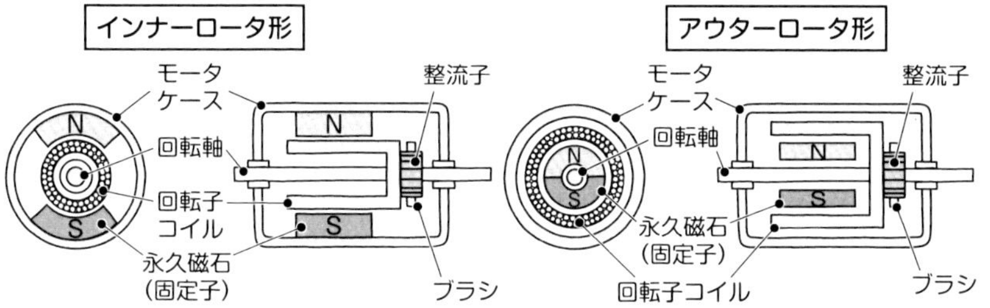

インナーロータ形は、永久磁石の内側（インナー）に回転子（ロータ）を配置。永久磁石を大きくして磁力を強めることができ、制御性の高いモータにできる。

アウターロータ形は、永久磁石の外側（アウター）に回転子（ロータ）を配置。カップ形回転子の内側の空間に永久磁石を納めることで、超小型モータにできる。

アキシャルギャップ形コアレスモータの構造

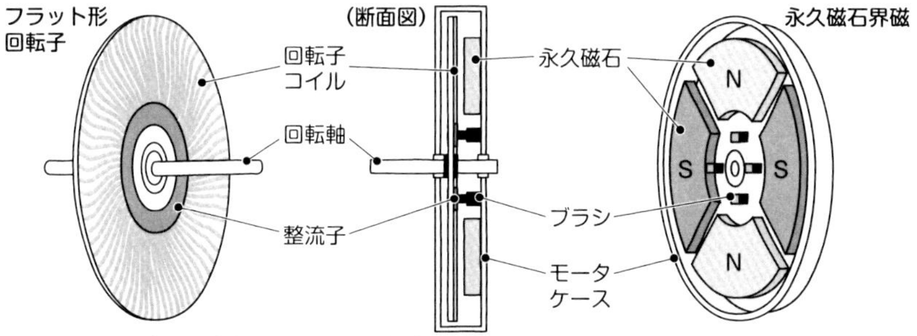

アキシャルギャップ形は、フラット形回転子を使用しており、超薄型モータにできるため、小形の情報機器やAV機器で使用されている。

POINT

- ◎コアレスモータにはラジアルギャップ形とアキシャルギャップ形がある
- ◎ラジアルギャップ形にはインナーロータ形とアウターロータ形がある
- ◎アウターロータ形は小型化、アキシャルギャップ形は薄型化に適している

4-7 巻線界磁形DCモータ(1) 原理と特徴

永久磁石界磁形モータと巻線界磁形モータは、どのような性質の違いがあるのですか？　また、どちらのほうが普及していて、その理由は何なのでしょうか？

◩巻線界磁形のメリット

永久磁石界磁形DCモータの界磁を、永久磁石から電磁石に替えたものを**巻線界磁形DCモータ**といいます（上図）。これにより、界磁にも回転子にも電磁石を用いることになり、**電磁石界磁形DCモータ**ともいいます。巻線界磁を持つモータにはほかに、交流で作動する**AC同期モータ**〈➡p120〉などがあります。

実は巻線界磁形DCモータの歴史は古く、以前は永久磁石界磁形より広く普及していました。その理由は永久磁石の磁力が弱かったためで、モータを高性能化するには電磁石の強い磁力に頼らざるを得ませんでした。それが、技術開発の進歩により強力な永久磁石が次々に発明されたことで、現在では小形・中形モータの界磁は永久磁石がほとんどを占めるようになりました。とはいえ、永久磁石では限界があることに変わりなく、大トルクの大形直流モータでは今でも巻線界磁形が主流です。

ちなみに、界磁―回転子の組み合わせが電磁石―永久磁石のモータがあるかといえば、**ブラシレスDCモータ**〈➡p100〉がその構成になっています。もちろん、界磁―回転子が永久磁石―永久磁石では回転しないので、そんなモータはありません。

永久磁石界磁形も巻線界磁形も、動作原理は同じですが、巻線界磁形のメリットは、まずは大トルクを発生させられることです。しかも、ただトルクを増やすだけでなく、流す電流を調整することによって界磁磁束を自在に変化させたり、また抵抗器を用いて電圧を変化させたりすることで、モータの回転速度やトルクを制御することができます。

◩回転子は乱巻コイルか型巻コイル

電機子のコイルの巻き方には、鉄心のスロットに直接導線を巻いていく**乱巻コイル**と、あらかじめスロットに合わせて型どりをし、絶縁処理した**型巻コイル**を埋め込む方法があります（下図・左）。一般に小型機では乱巻コイルが、大型機では型巻コイルが採用されます。巻線界磁形モータの回転子では、回転ムラやトルク変動を抑えるために円柱状に積層した鉄心に浅いスロット（溝）を刻み、そこに型巻コイルを埋め込みます（下図・右）。また、この方法でコイル数を増やすことによって始動トルクを増大させています。

永久磁石界磁形と巻線界磁形の構造

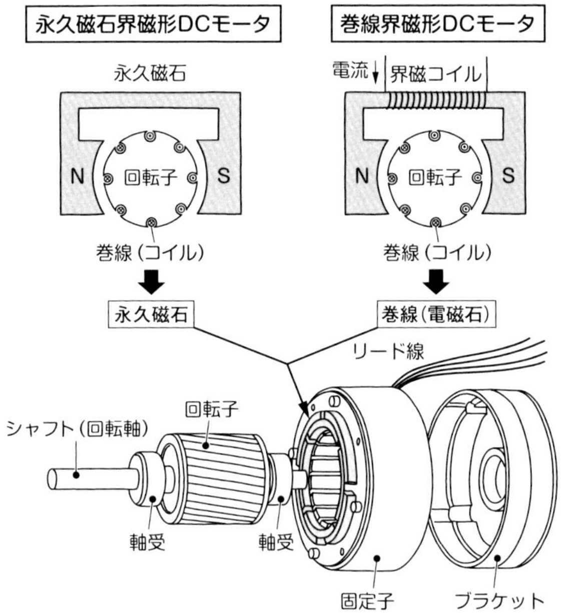

巻線界磁形DCモータは、永久磁石界磁形DCモータの界磁を電磁石に替えたもので、基本的な特性は同一である。価格面では、レアメタルなどを用いた強力永久磁石は値段が高く、初期費用がかかるが、運転に際しては、界磁と回転子の両方で電力を消費する巻線界磁形のほうがエネルギー効率が悪い。巻線界磁形の利点は何より電流を大きくして大トルクを発生させられることと、電圧を変えて回転速度を変化させられるなど制御性にすぐれている点である。

巻線界磁形の回転子と型巻コイル

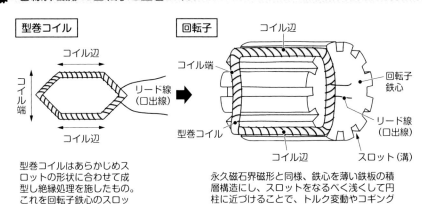

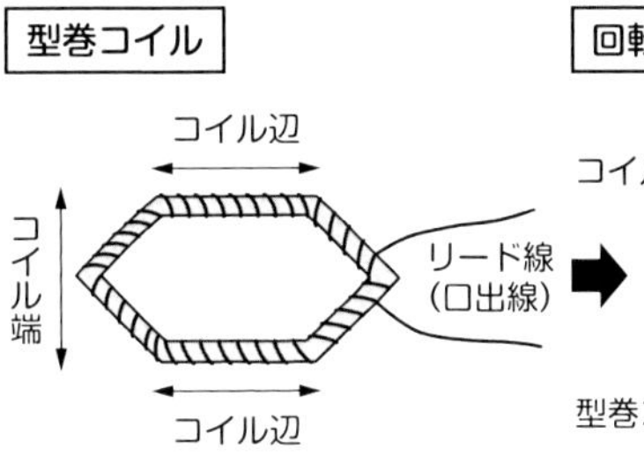

型巻コイルはあらかじめスロットの形状に合わせて成型し絶縁処理を施したもの。これを回転子鉄心のスロットに埋め込み、コイルどうしを結線する。

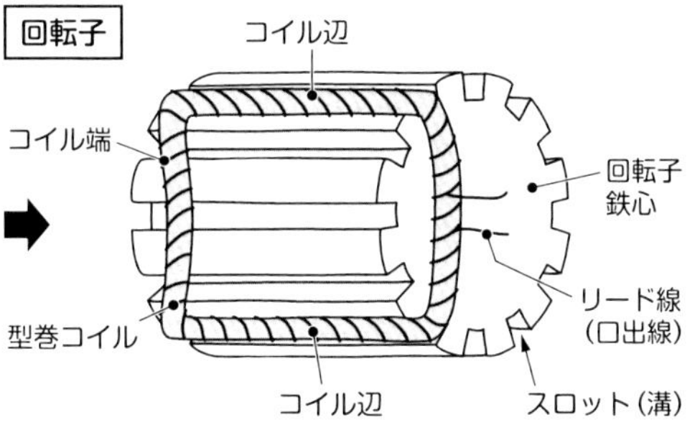

永久磁石界磁形と同様、鉄心を薄い鉄板の積層構造にし、スロットをなるべく浅くして円柱に近づけることで、トルク変動やコギングトルクを抑えている。コイル辺は界磁と垂直なコイル部分で、ローレンツ力を受ける。

POINT
- ◎巻線界磁形モータは、固定子と回転子の両方に電磁石を用いている
- ◎小形・中形モータは永久磁石界磁形、大形モータは巻線界磁形が多い
- ◎巻線界磁形の大形モータでは成型・絶縁処理した型巻コイルが使用される

4-8 巻線界磁形DCモータ(2) 分巻モータ

巻線界磁形にはどのような種類がありますか？　それらは巻線の巻き方が違うのでしょうか？　また、分巻モータが持つ「分巻特性」とはどのような性質をいうのですか？

自励と他励は電源の取り方の違い

巻線界磁形DCブラシモータには界磁コイル（界磁巻線）と回転子コイル（回転子巻線）の2つの電磁石があり、両者の電源の取り方で巻線界磁形は2種類に大別されます。1つは、回転子コイルの電源を界磁コイルの電源としても使用するやり方で、ほかの電源を使わないという意味で**自励**（じれい）といいます。2つめは、界磁コイルの電源を回転子コイルの電源と別に（ほかに）用意するという方法で、これを**他励**（たれい）〈➡ p92〉といいます（上図）。

そして、自励式モータには、界磁コイルと回転子コイルを並列につなぐ**分巻**（ぶんまき）と、直列につなぐ**直巻**（ちょくまき）〈➡ p90〉、並列と直列の両方を組み入れた**複巻**（ふくまき）〈➡ p90〉の3種類があり、異なる特性を持ちます。分巻・直巻・複巻をコイルの巻き方の区別だと勘違いしそうですが、巻き方というより、回転子と界磁の巻線どうしのつなぎ方（結線のしかた）を示しています。

分巻は永久磁石界磁形と同じ特性を持つ

直流分巻モータは、界磁コイルと回転子コイルを並列に接続したモータで、分巻は「ぶんけん」とも読みます。並列接続なので、電源電圧（端子電圧）と同じ大きさの電圧が界磁コイルと回転子コイルの両方にかかります。したがって、電源電圧が一定の場合、界磁電圧も一定になり、界磁電流も一定になりますので、界磁磁束も一定になります。これはつまり、永久磁石界磁と変わらないことを示しています。そのため、分巻モータと永久磁石界磁形モータの回転特性はほぼ同じで、トルクと回転子電流はほぼ比例し、トルクと回転数は反比例します。

また、負荷トルクが大きくなっても回転速度はあまり変化せず（少しだけ低下）、これを**分巻特性**（または**定速度特性**）といい、分巻モータは**定速度モータ**とも呼ばれています（下図）。永久磁石界磁形も同様です。もっとも、負荷トルクが増えると回転子に流れる電流が増えるので、モータのトルクは増大します。

分巻モータは永久磁石界磁形モータとほぼ同じ特性を持ちますが、界磁磁束を制御できることが利点で、工作機械やポンプの駆動に用いられています。しかし、ACモータにも定速度運転が可能な機種があり、分巻モータの需要は減っています。

界磁コイルと回転子コイルの接続方法

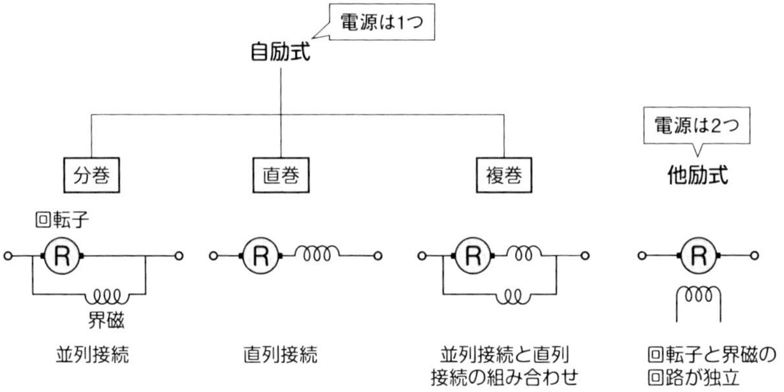

直流分巻モータの特性

2つのコイルを並列接続

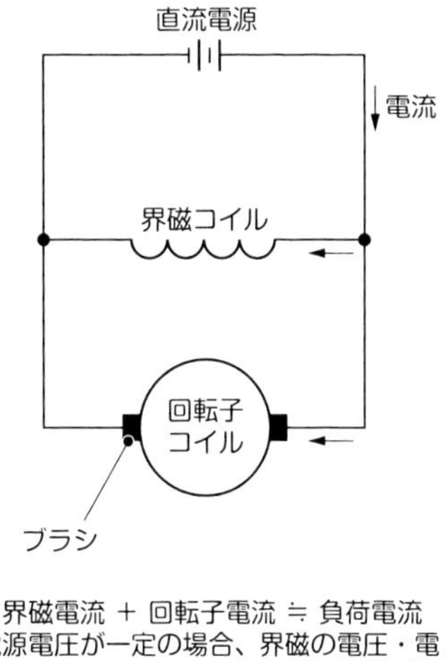

界磁電流 ＋ 回転子電流 ≒ 負荷電流
電源電圧が一定の場合、界磁の電圧・電流も一定になるので、永久磁石界磁形とほぼ同じ特性を示す。

分巻特性

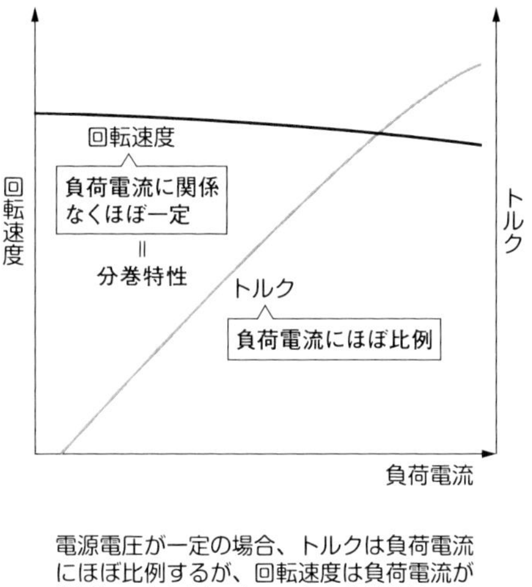

電源電圧が一定の場合、トルクは負荷電流にほぼ比例するが、回転速度は負荷電流が増減してもほぼ一定。これを分巻特性（定速度特性）という。

POINT

◎巻線界磁形モータは電源の取り方で自励式と他励式に分かれる
◎自励式は界磁・回転子の巻線の結線方法で分巻、直巻、複巻に分かれる
◎分巻モータは負荷が変動しても回転速度がほぼ一定の分巻特性を持つ

4-9 巻線界磁形DCモータ(3) 直巻モータと複巻モータ

直巻モータが持つ「直巻特性」とはどのような性質をいうのですか？ また、複巻モータにはどのような種類がありますか？ それらは巻線の巻き方が違うのでしょうか？

◤直巻の直は「直列」の直

直流直巻モータ（ちょくりゅうちょくまき）は、界磁コイルと回転子コイルを直列につないだモータ（上図・左）で、直巻は「ちょっけん」とも読みます。直列接続なので、界磁電流と回転子電流が等しく、負荷電流とほぼ同じ（界磁電流＝回転子電流≒負荷電流）です。

一般に、トルクは界磁の強さ（磁束密度）と回転子電流の大きさに比例し、界磁の強さは界磁電流に比例することから、直巻モータのトルクは負荷電流の2乗に比例します。また、負荷電流（≒界磁電流）が小さくなると、界磁も弱くなるので、回転速度が速くなります（上図）。以上より、直巻モータのトルクは起動時や低速時には大きく、負荷が小さくなると高速で回転します。このように、分巻と違って負荷の大小で回転速度が変化する特性を**直巻特性**（**変速度特性**）といい、直巻モータを**変速度モータ**ともいいます。直巻モータは無負荷で異常な高速回転になります。

大きな始動トルクを持つ直巻モータは、古くから自動車のセルモータに使用されているほか、フードプロセッサやドライヤ、掃除機などにも使われています。ちなみに、直巻モータを交流電源につなぐと、界磁電流と回転子電流の向きがつねに同じになり、界磁と回転子との間でたえず吸引力がはたらいて連続回転します。このように直流でも交流でも使用できるものを**ユニバーサルモータ**〈➡ p146〉といいます。

◤複巻モータといえば和動複巻モータ

界磁コイルを2つに分け、片方を回転子コイルと並列に、もう片方を直列につないだ、分巻界磁コイルと直巻界磁コイルを持つモータを**直流複巻モータ**といいます。回転特性は分巻と直巻の中間で、分巻モータより始動トルクが大きく、直巻モータのように無負荷運転で回転が異常な高速になることはありません。

複巻モータは2つの界磁コイルの接続方法の違いにより2種類あり、2つの界磁が同じ向きで互いに磁力を強め合う接続を**和動複巻**（わどうふくまき）、2つの界磁が逆向きで互いに磁力を打ち消し合う接続を**差動複巻**（さどうふくまき）といいます（下図）。和動複巻は、負荷が小さい場合は分巻のような、負荷が大きいときは直巻のような回転特性を示します。一方、差動巻は始動トルクが小さく、負荷が変動すると回転速度が不安定になりやすいためにあまり使われなくなり、一般に複巻といえば和動複巻を指します。

直流直巻モータの特性

2つのコイルを直列接続

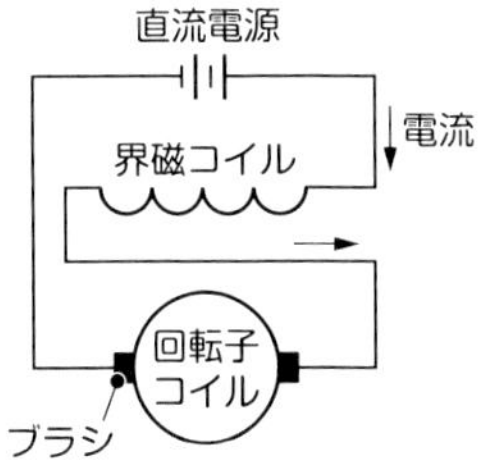

界磁電流 ＝ 回転子電流 ≒ 負荷電流
電源から出た電流はまず界磁コイルを通ってから回転子コイルへ流れる。分巻形は交流で回せないが、直巻形は交流でも回転する。

直巻特性

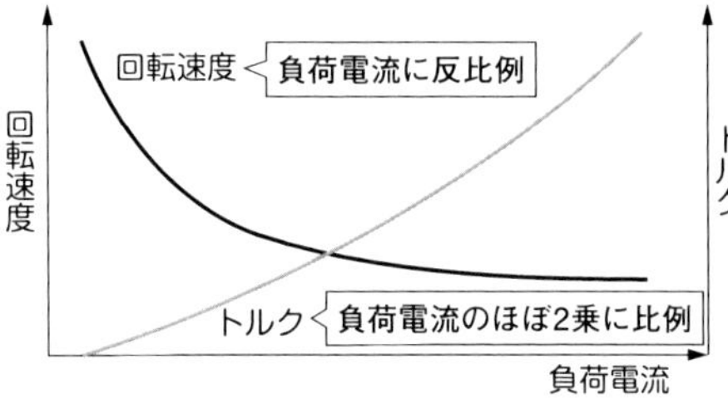

トルクは負荷電流のほぼ2乗に比例し、回転速度は負荷電流に反比例（界磁の磁束密度に反比例）する。負荷の増減で回転速度が変化する特性を直巻特性（変速度特性）という。

和動複巻と差動複巻

和動複巻

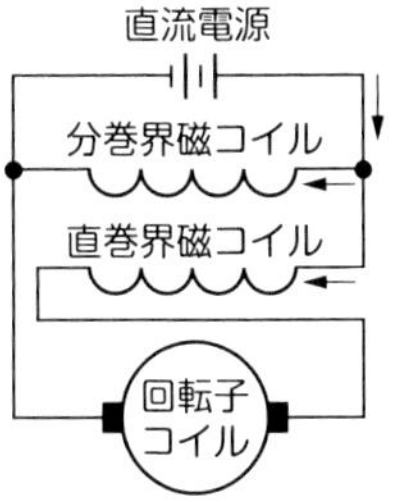

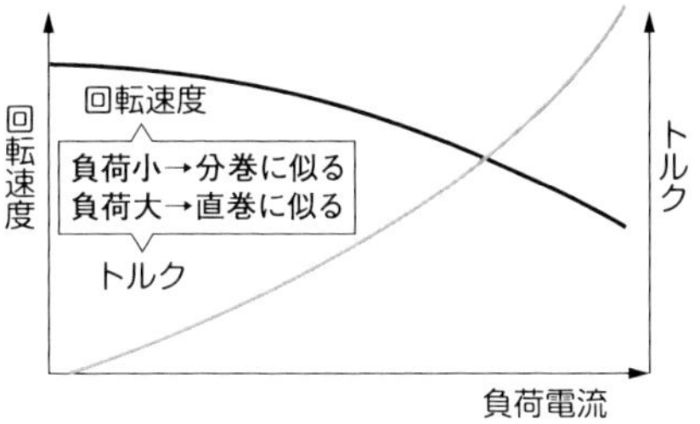

2つの界磁コイルに流れる電流が同じ向きなので、磁束が足し合わさる。負荷電流が小さいときは分巻モータ、負荷電流が大きいときは直巻モータに似た特性を示す。

差動複巻

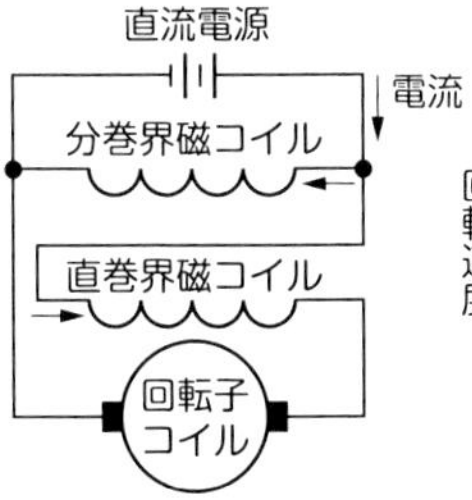

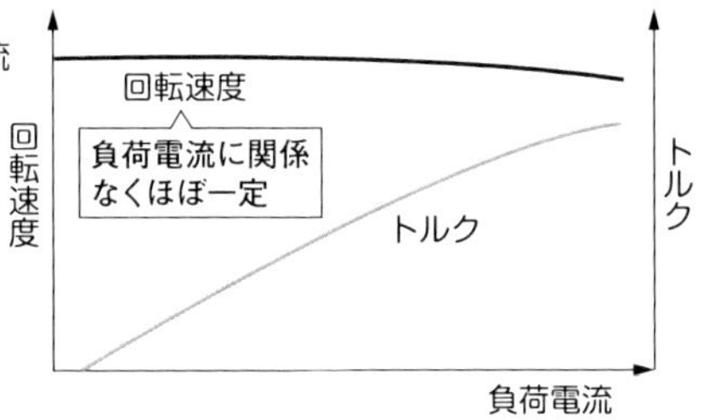

2つの界磁コイルに流れる電流が逆向きなので、磁束が打ち消し合う。負荷の変動で回転速度が不安定になりやすく、始動トルクも小さいために、あまり使われなくなっている。

POINT
- ◎直巻モータは界磁コイルと回転子コイルを直列に接続したモータ
- ◎負荷の大小で回転速度が変化する特性を直巻特性という
- ◎複巻モータの巻線方法には和動複巻と差動複巻がある

4-10

巻線界磁形DCモータ(4) 他励モータ

他励モータはどのような特徴を持っていますか？ 他励モータが永久磁石界磁形モータと似ているというのはなぜでしょうか？ また、他励モータを逆回転させるためにはどうすればよいですか？

◩他励式の長所と短所

界磁コイルと回転子コイルの電源を別々に設けて通電する方式を**他励**（たれい）といい、巻線界磁形DCブラシモータのうち他励式のモータを**直流他励モータ**（上図）といいます。原理的には分巻モータとほぼ同じで、界磁コイルの電源が独立しているため、界磁電圧が一定の場合、永久磁石界磁形に近い特性を示し、界磁電流が負荷の大小に影響されない分巻特性（定速度特性）〈➡p88〉を持ちます。

他励モータの利点は、界磁回路と回転子回路が独立しているために、制御自由度が高いことです。作動状況に応じて、両方の電流を制御し、最適なトルクや回転速度の発出を可能にします。しかし、2つの電源系が必要になることはシステムの大型化や複雑化、コスト高につながるという短所にもなります。また、界磁回路が断線すると、異常な高速回転が生じて、モータが破損する危険性があります。

以前は高い制御性からエレベータや圧延機、起重機などに広く使用されてきましたが、近年はインバータ制御〈➡p102〉のACモータに置き換わっています。

◩巻線界磁形DCモータの逆回転駆動

モータには逆回転駆動が求められることがあります。扇風機や換気扇ではそういうことはありませんが、洗濯機や電気自動車、エレベータなどでは逆回転が必須です。永久磁石界磁形DCモータでは、界磁の向きがつねに一定なので、回転子コイルの電源のプラス・マイナスを逆にすれば、モータは逆回転します。

ところが、巻線界磁形DCモータのうち、分巻モータも直巻モータも電源が1つなので、そのプラス・マイナスを逆にしても、界磁電流と回転子電流の両方の流れる向きが逆になるため、界磁の方向と電流の方向の関係は変わらず、逆向きには回転しません。逆回転させるためには配線を入れ替える必要があります（下図）。

巻線界磁形で、唯一電源の操作だけで逆回転駆動が可能なのは他励モータで、界磁と回転子の電極が別個に設けられているため、どちらか一方の電源のプラス・マイナスを逆にすれば、モータは逆回転をします。しかし、駆動中にいきなり逆回転させると、大きな始動電流が流れて危険ですので、いったんモータを停止して、改めて始動する必要があります。

直流他励モータの特性

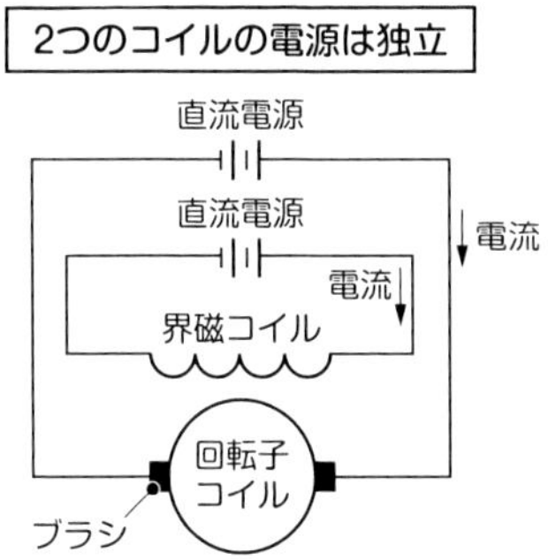

界磁コイルと回転子コイルの電源が互いに独立しているので制御自由度が高く、界磁電流を調整することで回転数を、回転子電流を調整することでトルクを可変にできる。

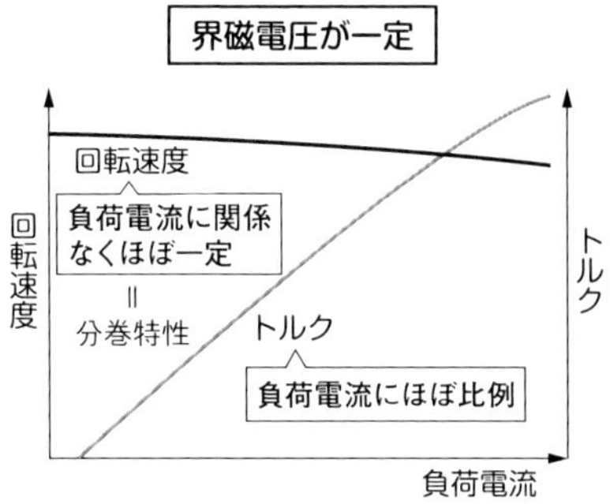

界磁電圧が一定の場合、負荷電流が増加しても回転子コイルの電気抵抗は非常に小さいので、回転速度はほぼ一定（わずかに低下）。トルクは負荷電流にほぼ比例する。

分巻モータと直巻モータの逆回転

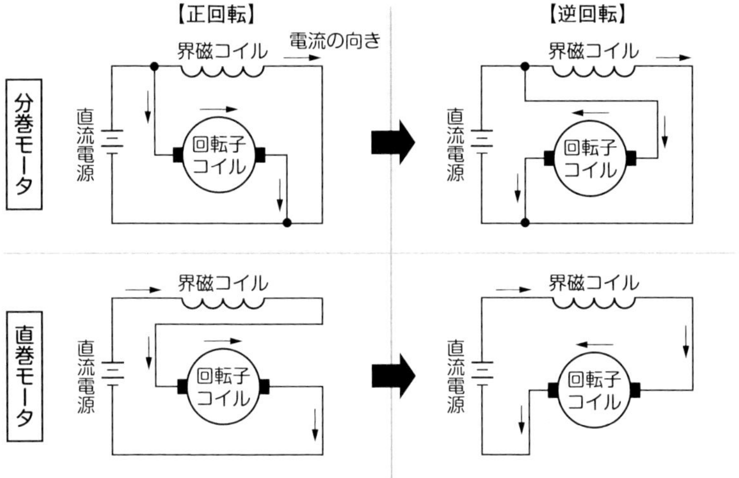

DCブラシモータのうち、永久磁石界磁形モータは電源のプラス·マイナスを逆にすることで、また、他励モータでも界磁電流か回転子電流のどちらか一方だけのプラス·マイナスを逆にすることでモータは逆回転する。しかし、分巻モータと直巻モータは1つの電源で界磁電流と回転子電流をまかなっているため、逆回転させるには配線を変えて界磁コイルと回転子コイルのどちらかに流れる電流の向きを逆にする必要がある。

POINT

- ◎界磁コイルと回転子コイルに別々の電源から通電する方式を他励式という
- ◎他励モータは制御性にすぐれるが、現在はあまり使われていない
- ◎他励モータは一方の電源のプラス・マイナスを入れ替えると逆回転する

4-11 DCモータの制御（1） 制御法の分類

モータの制御法を分類するには、最初にどのような観点から区分けするのがよいのでしょうか？　また、古典制御と現代制御は何がどのように違うのですか？

◪手動制御と自動制御

制御とは、JIS（日本産業規格）の定義では「ある目的に適合するように、制御対象に所要の操作を加えること」とされています。モータにおいて「ある目的」とは、用途に応じて性能を発揮することであり、具体的には、①回転速度、②トルク、③回転位置（回転角度）の3つを思いどおりに変化させる操作がモータの制御です。

換気扇のように回転速度が多少変化しても問題ない機器の場合、モータを制御する必要はほとんどありません。しかし、扇風機では風力（風速）を「弱」や「強」にするのにモータの制御が行われます。このとき風力を変えるのに、ふつうボタンを押します。これを**手動制御**といいます。それに対して、パソコン内部にあるファンは、温度変化を計測して自動的に回転数を制御します。**自動制御**には現在の状況を検知して判断するための高度な計測制御技術が必要になります。

このように、モータの制御はまず手動制御と自動制御に分類できます（上図）。現在世の中で使われているモータのほとんどが自動制御で運転されています。

◪現在の主流は古典制御

自動制御は次に、現代制御と古典制御に分類できます。**現代制御**とは簡単にいうと、複数の入力に対して複数の出力をする制御です。モータに振動やノイズなどの複数の外乱が生じても、目標値に近い値を出力します。それに対して**古典制御**は1つの入力値に対して1つの値を出力する単純な制御で、現在の主流は古典制御です。

古典制御は、主としてフィードバック制御とシーケンス制御に分かれます。**フィードバック制御**は、運転状況や出力結果をもとに調整する制御法で、運転中もつねに状況の計測を行い、目標値に近い値を出力します（中図）。フィードバックの輪があるので、**クローズドループ制御**（**閉ループ制御**）ともいい、モータ制御の主流となっています。一方、**シーケンス制御**とは、あらかじめ設定した順序に従って制御を行い、出力結果だけをフィードバックする制御方法です（下図・右）。

なお、フィードバックをいっさいせず、あらかじめ設定した順序どおりに前へ進むだけの制御を**オープンループ制御**（**開ループ制御、フィードフォワード制御**）といいますが（下図・左）、シーケンス制御はその一種に分類されます。

モータ制御法の分類

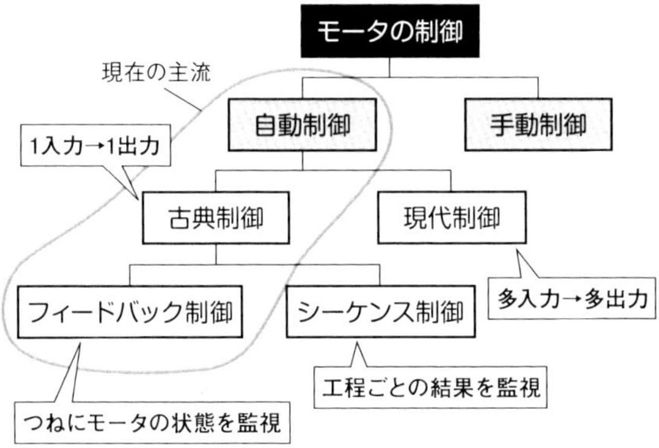

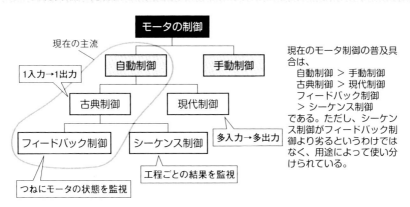

現在のモータ制御の普及具合は、
自動制御 ＞ 手動制御
古典制御 ＞ 現代制御
フィードバック制御
＞ シーケンス制御
である。ただし、シーケンス制御がフィードバック制御より劣るというわけではなく、用途によって使い分けられている。

フィードバック制御（ブロック図）

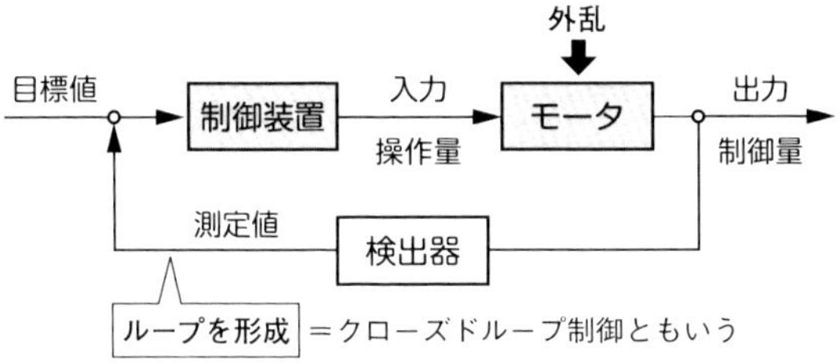

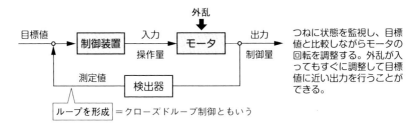

つねに状態を監視し、目標値と比較しながらモータの回転を調整する。外乱が入ってもすぐに調整して目標値に近い出力を行うことができる。

オープンループ制御とシーケンス制御（ブロック図）

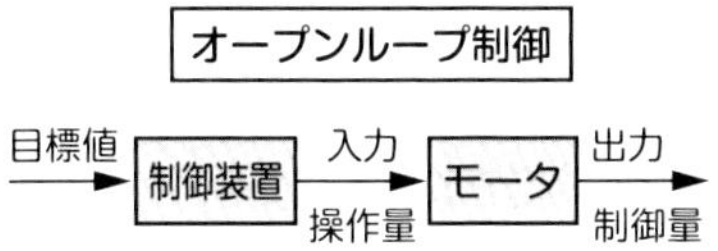

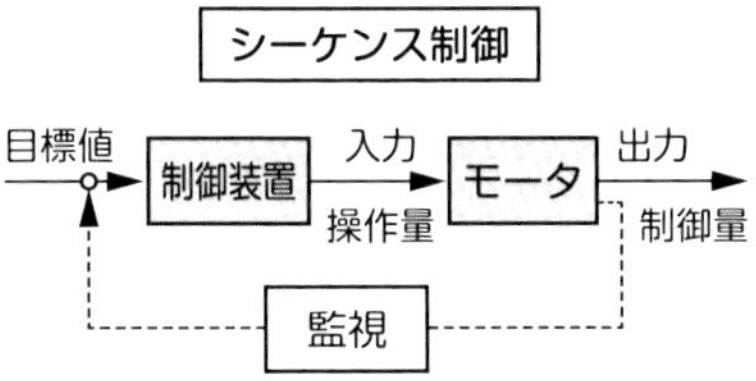

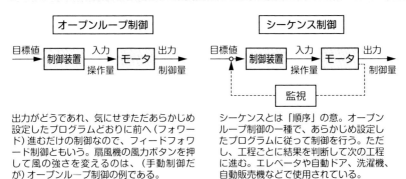

出力がどうであれ、気にせずただあらかじめ設定したプログラムどおりに前へ（フォワード）進むだけの制御なので、フィードフォワード制御ともいう。扇風機の風力ボタンを押して風の強さを変えるのは、（手動制御だが）オープンループ制御の例である。

シーケンスとは「順序」の意。オープンループ制御の一種で、あらかじめ設定したプログラムに従って制御を行う。ただし、工程ごとに結果を判断して次の工程に進む。エレベータや自動ドア、洗濯機、自動販売機などで使用されている。

POINT
- ◎制御には手動制御と自動制御があり、自動制御が主流である
- ◎自動制御は現代制御と古典制御に大別され、古典制御が主流である
- ◎古典制御にはシーケンス制御とフィードバック制御がある

4-12

DCモータの制御（2）回転速度・トルクの制御

モータの制御方法の種類についてはわかりましたが、回転速度やトルクを制御する方法には具体的にどのようなものがありますか？　また、その方法の利点・欠点は何でしょうか？

◩回転速度とトルクの制御

ここでは、p94で取り上げたモータの①回転速度と②トルクに対する代表的な制御法を説明します。

DCモータの駆動電圧と、回転速度（回転数）およびトルクとの関係は直線的〈➡p37・下図〉で、駆動電圧（端子電圧）を2倍にすれば、回転数もトルクも2倍になります。つまり、駆動電圧を変化させることで、回転速度とトルクの両方を制御できることになります。その駆動電圧を制御する最も簡単な方法は、可変抵抗を直列に挿入して電圧を奪うというアナログ的なやり方で、これを**抵抗制御法**といいます（上図）。抵抗によって電流の一部が熱になる損失が生じるので、効率は悪くなりますが、実際の回路ではトランジスタなどの電子素子が使われ、滑らかな回転特性と低ノイズの利点があるため、計測器や医療機器などに使用されています。

◩PWM制御法とPAM制御法のPはパルスのこと

抵抗制御法よりエネルギー効率が高いのが**PWM**（Pulse Width Modulation）**制御法**です。英語で「width」は「幅」、「Modulation」は「変調」の意味であり、PWM制御は日本語で**パルス幅変調制御法**といいます。

PWM制御は、トランジスタなどで電源スイッチのオン/オフを高速で繰り返して直流電圧（直流電流）をパルス状にし、平均電圧を変化させる方法です。スイッチのオン/オフによる制御法を**スイッチング制御法**、**パルス制御法**、または**チョッパ制御法**といい、PWM制御法はその一種です。なお、チョッパ（chopper）とは英語で「ぶった切られたもの」という意味です。

スイッチのオン/オフの1組を**スイッチング周期**といい、スイッチング周期に占めるオン時間の割合を**デューティ比**といいます。PWM制御法ではスイッチング周期を一定にし、デューティ比を変えることで平均電圧を調整します（下図・右上）。

また、1秒間におけるスイッチング周期の回数をスイッチング周波数といい、スイッチング周波数とデューティ比を一定にし、スイッチングする電圧を変えて、電圧の振幅（強さ）を調整する方法を**PAM**（Pulse Amplitude Modulation）**制御**（**パルス振幅変調制御法**）といいます（下図・右下）。

抵抗制御法による電圧制御

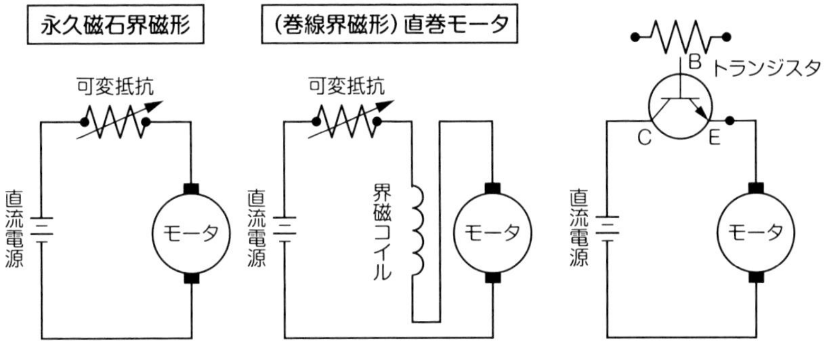

永久磁石界磁形DCモータでは直流電源と回転子の間に、巻線界磁形の直巻モータでは直流電源と界磁コイルおよび回転子コイルの間に可変抵抗を直列に挿入して、抵抗値を変化させることで、モータに印加される電圧を制御できる。ただし、抵抗で熱が発生するため、エネルギー効率は低い。

トランジスタのベース電圧を変えることでも同様の効果がある。なお、トランジスタのBはベース、Eはエミッタ、Cはコレクタのそれぞれ電極を表す。

PWM制御とPAM制御による電圧制御

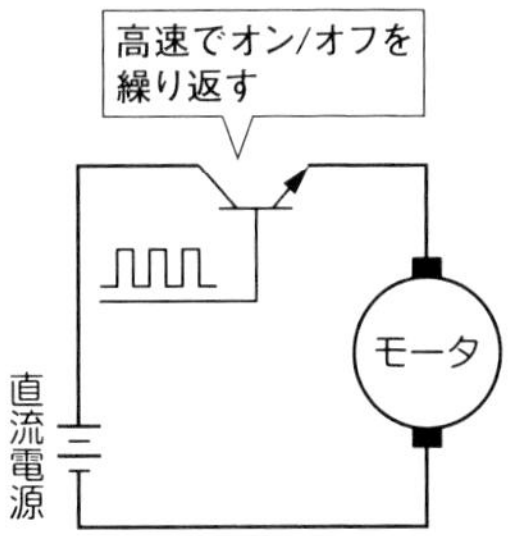

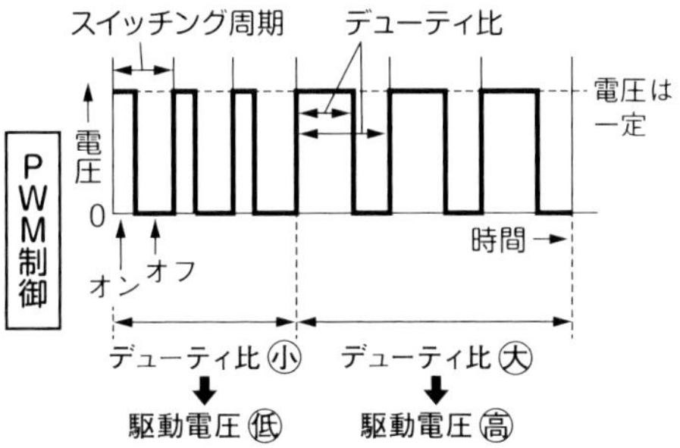

スイッチング周期は1組のオン/オフの時間、デューティ比はスイッチング周期に占めるオンの時間の割合を表し、デューティ比が小さいほど平均電圧は小さくなる。PWM制御はオン時間を変えるだけで電圧が制御できるが、低速域（低電圧）で回転が不安定になる。PAM制御は低速域でも細かな制御が可能だが、電圧を連続的に変化させるので、回路が複雑でコスト高になる。

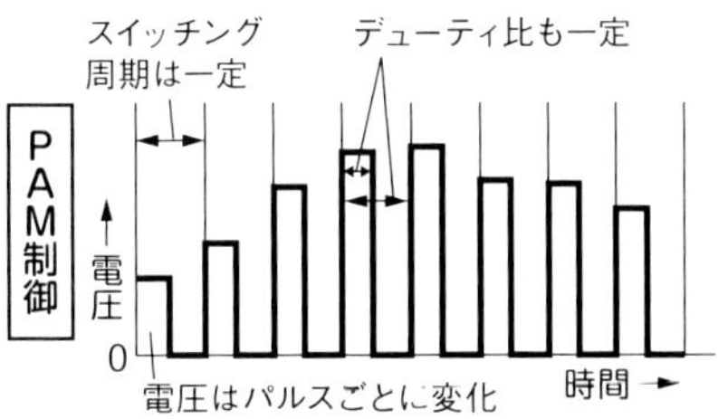

POINT

◎駆動電圧を変化させることで、モータの回転速度・トルクを調整できる
◎モータに直列に抵抗を接続して制御する方法を抵抗制御法という
◎PWM制御は電源スイッチのオン/オフによるスイッチング制御法である

COLUMN 4

直流か、交流か、
エジソンとテスラの電流戦争

発電所から家庭や工場に送られる電流は交流です。しかし、なぜ直流ではないのでしょうか。その背景には、発明王エジソンと現クロアチア生まれの天才ニコラス・テスラ(1856-1943)との壮絶なバトルがありました。

人為的装置で発生させた世界最初の電気は直流でした。1800年にイタリアの物理学者アレッサンドロ・ボルタが人類初の電池を製作しましたが、電池から取り出せるのは直流だからです。一方、交流電気は1820年にアメリカの物理学者ジョセフ・ヘンリー(1797-1878)によって発見されました。ただ、電流の大きさと向きがつねに変化する交流は扱いにくく、当時はモータを動かすのにも直流に変換していました。しかし、テスラは交流が直流に変換されるとき必ず火花が散るのを見て、このエネルギー損失をなくすために、1882年に交流で駆動できる二相誘導モータを発明しました。優秀さを認められたテスラはエジソン電灯社(後のGE;ゼネラル・エレクトリック社)のフランス法人に採用され、さらにアメリカ本社に異動し、エジソンと出会いました。

エジソンは直流電流を市中に送電する計画を持っていました。直流は交流のような無効電力が生じないし、蓄電もできます。それにモータを回すのにも自分が発明した白熱電球を点灯させるのにも便利でした。それに対してテスラは交流送電を強く推しました。長距離を送電する際、電力の損失を減らすのには高電圧にするのが有利です。なぜなら[電力=電圧×電流]なので、電圧を大きくすれば電流が小さくてすみ、電流が小さければ電気抵抗による損失が小さくなるからです。そして交流は変圧器を用いて電圧を簡単に上げ下げできるため、送電した高電圧を家庭や工場に配電する前に降圧することができます。

2人はお互いに譲らず、エジソンは直流電力事業を開始し、テスラもウェスティングハウス・エレクトリック社の支援を得て交流電力事業をスタートさせました。こうして世にいう「電流戦争」の幕が切って落とされたのです。そしてその結末は今の世の中を見るとおり、テスラの交流に軍配が上がりました。

第5章

スイッチング制御で作動するモータ

Motor operated by switching control

5-1 ブラシレスDCモータ(1) 基本構造と種類

ブラシレスDCモータを交流モータに分類している資料を見ましたが、「DCモータ」なのに直流モータではないのですか？　また、ブラシレスDCモータにはどのような種類があるのでしょうか？

◩直流で動く？　交流で動く？

本章では、制御回路で調整した電流によって作動するモータを紹介します。最初に取り上げるのは**ブラシレスDCモータ**（以下、**BLDCモータ**）です。BLDCモータは「DC」の名が付いていることからわかるように、直流モータに分類されることが比較的多いです。しかし、直流電源から出た電流は交流に変えられてモータを駆動するため、ACモータ（交流モータ）に区分するという考え方もあります。本書ではそのどちらでもなく、独立した「スイッチング制御〈➡p96〉で作動するモータ」として扱うことにします。なお、ブラシのないモータはほかにもありますが、「**ブラスレスモータ**」といえばほとんどの場合BLDCモータを指します。

BLDCモータは、DCブラシモータからブラシ（と整流子）をなくしたモータです。ブラシと整流子は直流電流の向きを機械的に、周期的に変えることによってDCモータを連続して回転させる機構〈➡p33〉であり、ブラシが整流子との接触によって摩耗・劣化するために、定期的な保守管理と交換を必要とするという欠点を抱えています。

そこで、BLDCモータはブラシと整流子を廃し、代わりに半導体を用いた**制御回路**（**駆動回路、モータドライバ**という）を使用して、電流の向きや大きさを電子的に制御し駆動します。よって、BLDCモータはメンテナスフリーです。なお、両者の回転原理は類似しているので、回転特性はほぼ同じです。

◩ブラシレスDCモータの基本構造

BLDCモータでは回転子（ロータ）が永久磁石で、固定子（ステータ）がコイルです。つまり、コイルが回転する方式の永久磁石界磁形DCブラシモータとは逆の配置になっています。そして、その永久磁石の配置方法には、コイルの外側に配置する**アウターロータ形**（**外転形**）、コイルの内側に配置する**インナーロータ形**（**内転形**）、回転子と永久磁石が対面する**ディスクロータ形**などがあります（上図）。

また、BLDCモータは回転子への永久磁石の装着方法の違いでも2種類に分けられます。**表面磁石形**は回転子の外側に永久磁石を貼り付ける方法、**埋込磁石形**は回転子の内側に永久磁石を埋め込む方法です（下図）。

永久磁石の配置方法による分類

アウターロータ形

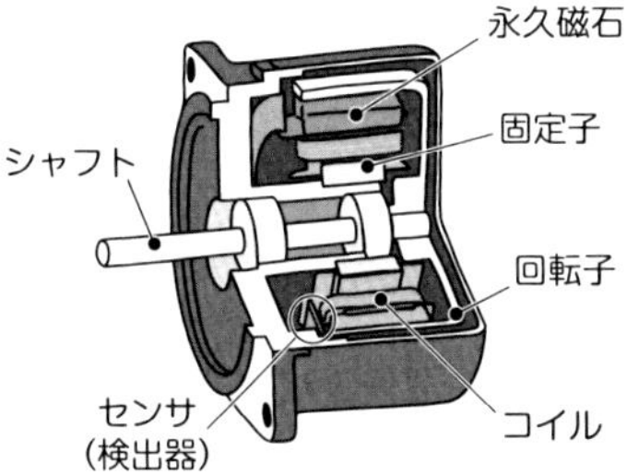

外側に永久磁石、内側にコイルを配置し、外側の永久磁石を回転させる方式。重い永久磁石が外側で回転するため、慣性モーメントが大きく、安定した回転が可能な反面、応答性に劣る。

インナーロータ形

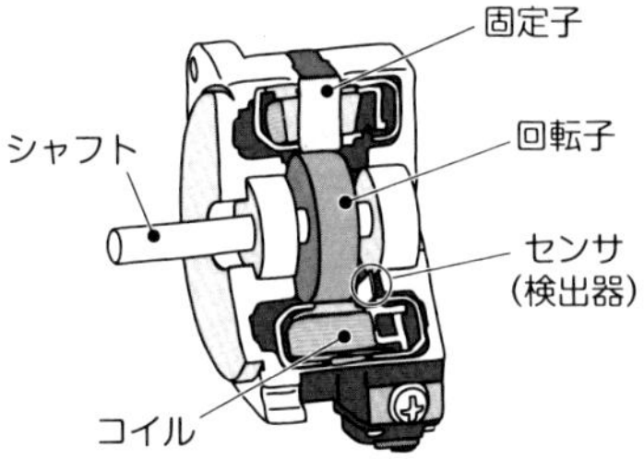

内側に永久磁石、外側にコイルを配置し、内側の永久磁石を回転させる方式。永久磁石が内側で回転するため、慣性モーメントが小さく、高速回転に向き、また加減速の応答性にすぐれる。

ディスクロータ形

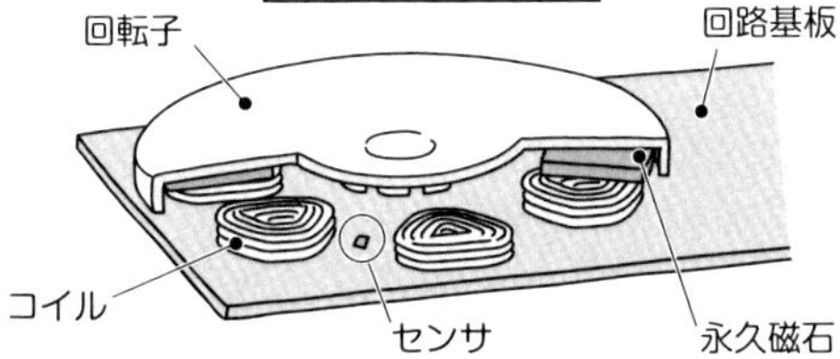

回路基板上にコイルやセンサが配置された固定子に向かい合う永久磁石を配した回転子が回転する。慣性モーメントが小さく、薄型なので各種ディスクのドライブ装置に使用されている。

永久磁石の装着方法による分類

表面磁石形
（SPM：Surface Permanent Magnet）

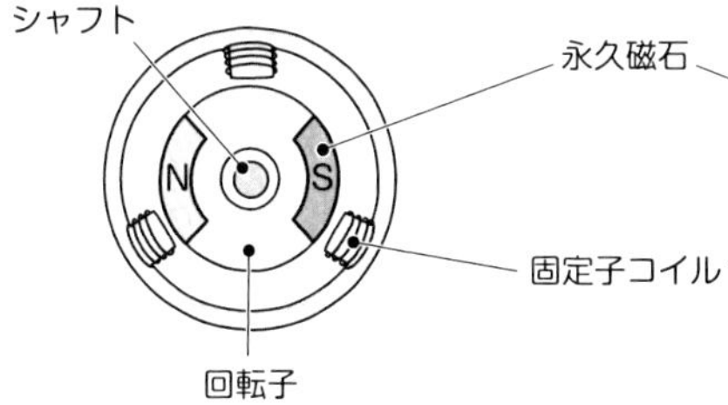

回転子の外側に永久磁石を貼り付ける方法。遠心力によって回転子から永久磁石がはがれるリスクがある。

埋込磁石形
（IPM：Interior Permanent Magnet）

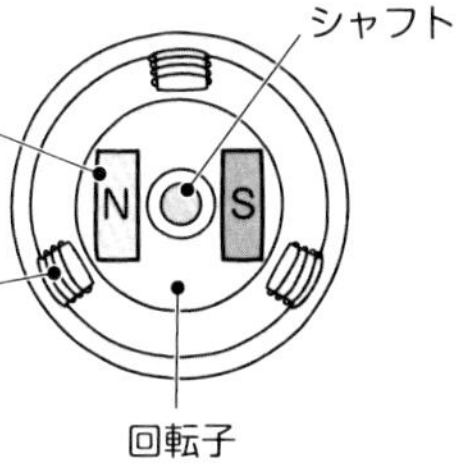

回転子の内側に永久磁石を埋め込む方法。磁気的な回転力（リラクタンストルク➡p110）を利用できる。

POINT

- ◎BLDCモータはブラシモータの整流子とブラシをなくし、制御回路で回す
- ◎BLDCモータの回転子配置にはアウターロータ形とインナーロータ形がある
- ◎BLDCモータの回転子への永久磁石装着法には表面磁石形と埋込磁石形がある

5-2 ブラシレスDCモータ(2) 回転磁界と制御回路

ブラシレスDCモータは回転磁界で回るといわれていますが、回転磁界とはどのような磁界ですか？　また、制御回路のインバータ部とは何をする装置なのでしょうか？

◤2極3スロットのブラスレスDCモータ

一般的なブラシレスDCモータ（BLDCモータ）は、**三相交流電圧**で回転する**三相モータ**です。上図に、2極3スロットのインナーロータ形BLDCモータにおける内部構造の概念図を示しました。「三相」とは波形がずれた3つの電圧（または電流）で駆動することを表しています。2極3スロットの組み合わせは、三相BLDCモータの最も単純な例で、多数の永久磁石を使った4極3スロット、4極6スロット、8極12スロットなどもあります。ただし、極数は永久磁石の磁極の数なので2の倍数（偶数）になり、スロット数（＝コイル数）は3の倍数にすることが多いです。

三相交流電流を、120°の等間隔で設置した固定子の3つのコイル（U相コイル、V相コイル、W相コイルとする）に順番に流してつくった**回転磁界**に、回転子の永久磁石が吸引・反発して回転します。回転磁界といっても、固定子自体が回転するわけではなく（固定子なので固定）、三相交流電流によって3コイルがつくる磁界が次々と回転しているかのように移動することをいいます。それに応じて回転子が磁界の変化と同じ速度で回転するので、BLDCモータは**永久磁石形同期モータ**（または**交流同期モータ**）とも呼ばれます〈➡p120〉。

◤制御回路のしくみ

ブラシと整流子をなくしたBLDCモータでは、制御回路を用いて電圧（電流）の向きや大きさを制御します。制御回路は、トランジスタを利用した6個のスイッチ（**スイッチング素子**）を備えた出力回路（インバータ部）と速度変換器、速度制御器、励磁信号発生器、電圧制御器などから構成されています（下図）。

インバータとは直流電圧を交流電圧に変換する装置をいいますが、実はこの交流電圧はスイッチング制御によって直流パルス電圧でつくられた**疑似交流**になります〈➡p104〉。なお、電源に交流を用いた制御回路でも、交流電源とインバータ部との間に**コンバータ**部（交流電圧を直流電圧に変換する装置）を設けて直流に変え、インバータで再び交流（疑似交流）に変換します。

なお、モータの回転状況に応じて電圧を制御するには、**センサ**（**検出器**）〈➡p106〉によるフィードバックが必要ですので、モータ内にセンサを設置します。

三相BLDCモータ(インナーロータ形)のしくみ

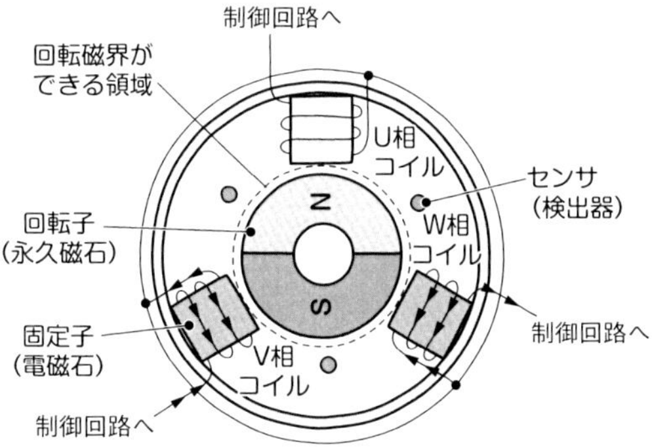

2極3スロットのインナーロータ形三相BLDCモータ。120°の間隔で3つのコイル(U相、V相、W相とする)を設置し、コイルに制御回路を用いて順番に電流を流すことで回転磁界をつくり、永久磁石の回転子を回す。回転速度や回転位置等を検出するセンサーはコイルとコイルの中間(60°)の位置に3つ設置される。

三相BLDCモータの制御回路

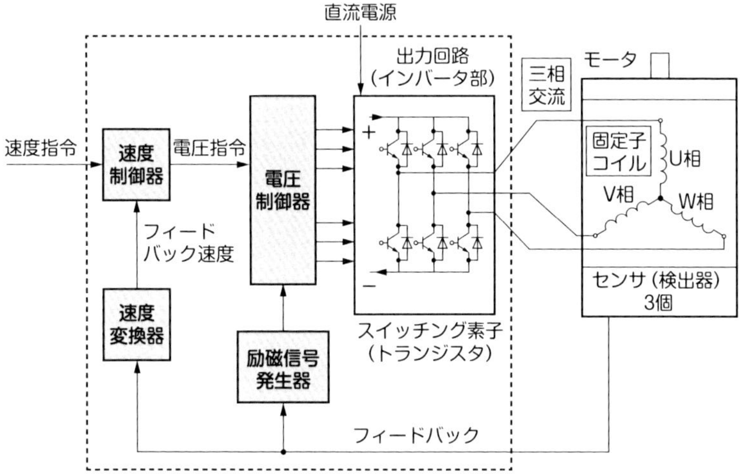

速度変換器：センサ(検出器)の出力信号を受け、速度制御器にフィードバック速度を出力する。
速度制御器；速度指令と速度変換器からのフィードバック速度を比較して、速度指令に従うように電圧指令を出す。
励磁信号発生器：センサ(検出器)の出力信号を受け、6個のスイッチング素子のどれに電流を流すかを電圧制御器に指示する。
電圧制御器：励磁信号発生器に指示されたスイッチング素子に対して、速度制御器からの電圧指令に従った電圧を印加するよう出力回路に信号を出す。

POINT
- ◎BLDCモータは三相交流電圧で回転する三相モータである
- ◎BLDCモータは固定子コイルに流れる電圧を制御して回転磁界をつくる
- ◎BLDCモータはセンサで回転速度などを検出し、フィードバック制御を行う

5-3

ブラシレスDCモータ(3) 駆動原理

ブラシレスDCモータはどのように駆動し、その過程でインバータはどのようなはたらきをしているのでしょうか？　また、ブラシレスACモータはブラシレスDCモータとどう違うのですか？

◩インバータとモータの電流のルート

上図は前ページの下図における出力回路（インバータ部）と固定子コイルに注目したものです。インバータの6個のスイッチのうち、縦の列（スイッチが2個ずつ）には左からU相、V相、W相の電流が流れ、横の行（スイッチが3個ずつ）の上段にはモータへ向かう電流が流れて、下段にはモータから出る電流が流れます。なお、負荷（モータ）から見て電源側にある上段のスイッチを**ハイサイドスイッチ**、電源と反対側にある下段のスイッチを**ローサイドスイッチ**といいます。

上図では、U相ハイサイドスイッチとV相ローサイドスイッチがオン、他のスイッチがオフの状態を示しており、U相コイルとV相コイルをN極とS極に励磁します。このように、固定子コイルの励磁は、ハイサイドスイッチ1個とローサイドスイッチ1個の組み合わせで決まり、それが変更されることで励磁されるコイルとその磁極が変わります。ただし、同じ相のハイサイドスイッチとローサイドスイッチを同時にオンにすることはできません。

◩ 120°通電方式と正弦波駆動方式

ブラシレスDCモータの駆動方式には複数ありますが、**120°通電方式**（矩形波駆動ともいう）が一般的によく使われます。矩形とは長方形のことです。120°通電方式では、通電するコイルの組み合わせが**電気角**60°ごとに変化します。このとき、中図のように、つねに2つのコイルに電流が流れ、残り1つのコイルは無通電状態になります。個々のコイルは、120°通電→60°無通電→逆向きに120°通電→無通電を繰り返すので120°通電方式といい、それに応じて励磁される磁界が変化します。なお、電気角とは回転磁界の角度のことで、1周期を360°として表します。

各コイルへの印加電圧を細かなスイッチング操作で制御することで、矩形波形を正弦波状にすることができます。これがインバータによる交流変換の正体で、直流からつくるいわば**疑似交流**です。この正弦波状電圧での駆動を**正弦波駆動方式**といい、この方式で駆動するブラシレスDCモータをとくに**ブラシレスACモータ**といいます（下図）。ブラシレスACモータは回転が滑らかで安定し、騒音も低いという利点があります。

ブラシレス(2極3スロット)の駆動

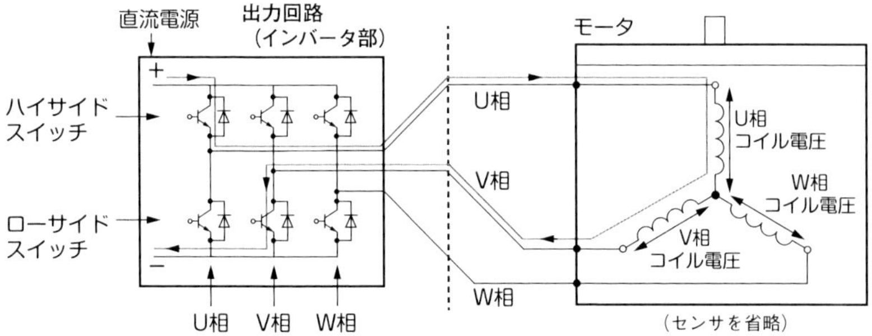

モータから見て電源側にあるスイッチをハイサイドスイッチ、電源と逆側にあるスイッチをローサイドスイッチといい、各々3相(U相、V相、W相)の計6個のスイッチがある。この例では、U相ハイサイドスイッチとV相ローサイドスイッチがオン(他のスイッチはすべてオフ)になり、U相コイルとV相コイルに電圧が印加され、N極とS極に励磁される。

120°通電方式の励磁パターン

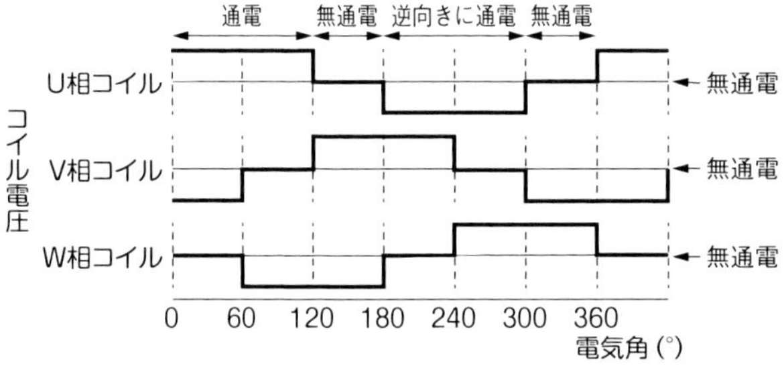

各コイルは、120°通電→60°無通電→120°逆向き通電→無通電を繰り返す。全体としてはつねに2つのコイルがN極とS極に励磁される。ただし、これは理論的な電圧波形であって、実際には誘導電圧が発生するので波形は複雑になる。

矩形波駆動(120°通電方式)と正弦波駆動の電圧波形

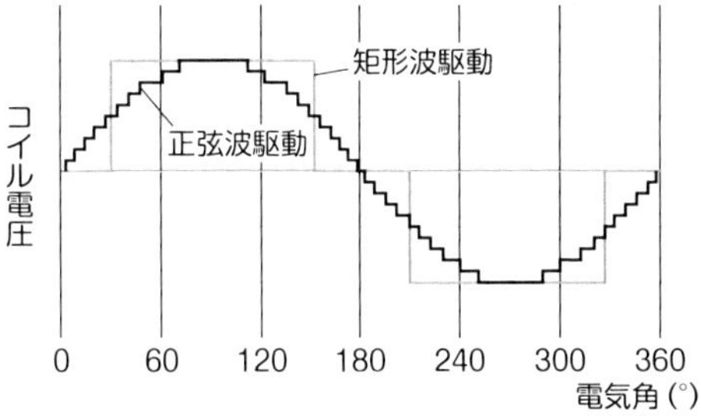

1つのコイルにおける電圧波形の例。細かで精密なスイッチング制御(PWM制御)を行うことで、印加電圧を正弦波に近づけることができる。ブラシレスモータのうち、矩形波駆動のものをブラシレスDCモータ、正弦波駆動のものをブラシレスACモータという(正弦波駆動方式を180°通電方式ともいう)。

POINT

◎2極3スロット形のブラシレスDCモータは6個のスイッチで制御する
◎ブラシレスDCモータの駆動方式には120°通電方式と正弦波駆動方式がある
◎ブラシレスACモータは正弦波状電圧で駆動するブラシレスモータである

5-4 ブラシレスDCモータ(4) 巻線とセンサ

三相モータの各コイルのつなぎ方、並びにコイルの巻き方にはどのような種類があるのですか？　また、フィードバック制御ではどのようなセンサを使うのでしょうか？

◩コイルの結線方法

三相ブラシレスDCモータ（BLDCモータ）の3つの固定子コイルを結線する方法には、各コイルの一端を1箇所（**中性点**または**コモン**という）でつなぐ**スター結線（星形結線、ワイ結線、Y結線）**と、3つのコイルをループ状に結線する**デルタ結線（Δ結線、三角結線）**の2種類があります（上図）。

スター結線ではつねに2つのコイルに電流が流れ、デルタ結線ではつねに3つのコイルに電流が流れるという違いがあります。また、同じ電源電圧でもデルタ結線のほうが大きな電流が流れ、よって大きなトルクを得ることができます。ただ、電力効率の面ではスター結線がすぐれており、BLDCモータや次項で紹介する**ステッピングモータ**では、一般にスター結線が使用されています。

◩コイルの巻き方

固定子スロットへのコイルの巻き方については、各相のコイルを隣り合ったスロット間で巻く**集中巻**と、各相のコイルをスロットをまたいで巻く**分布巻**に大別されます（中図）。集中巻は導線のロスは少ないが騒音が比較的大きい、逆に分布巻はロスは多いが回転が滑らかで静か、などそれぞれ長所・短所がありますが、現在では集中巻が主流です。ただし、集中巻にも分布巻にも多くの種類があります。

◩フィードバック制御に欠かせないセンサ(検出器)

BLDCモータは、回転子（永久磁石）の回転位置（回転角度）や回転速度に応じてフィードバック制御されます。それらの検出器には主として次のものがあります。

①**ホール素子**：BLDCモータで最も一般的なセンサで、ホール効果による電位差から回転位置や速度を検出できる（下図）。120°通電方式に適するが熱に弱い。

②**光学式エンコーダ**：光を利用して回転位置と回転速度、回転量も検出する。

③**レゾルバ**：変圧器の原理を利用して回転数と回転位置を検出し、劣悪環境でも使用できる。検出精度が高く、光学式エンコーダとともに正弦波駆動に使用される。

④**タコジェネレータ（タコジェネ）**：古くから使われている回転速度センサ。コイルの電圧が回転速度に比例するので、その電圧を検出する。

なお、高価で保守管理が要るセンサをなくした**センサレス制御**も普及しています。

スター結線とデルタ結線

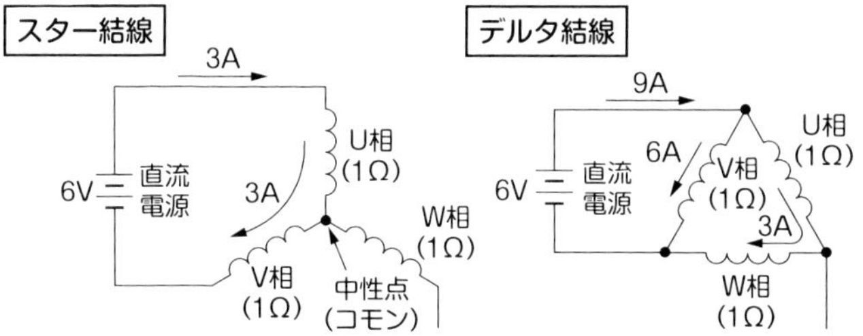

スター結線は中性点で3コイルをつなぐ方法、デルタ結線は3コイルをループ状につなぐ方法で、デルタ結線には中性点はない。図のように、電気抵抗が1Ωのコイルを用いて6Vの直流電源につなぐと、スター結線では3Aの電流が流れ、デルタ結線では6Aと3A（合計9A）の電流が流れる。

集中巻と分布巻（三相モータの例）

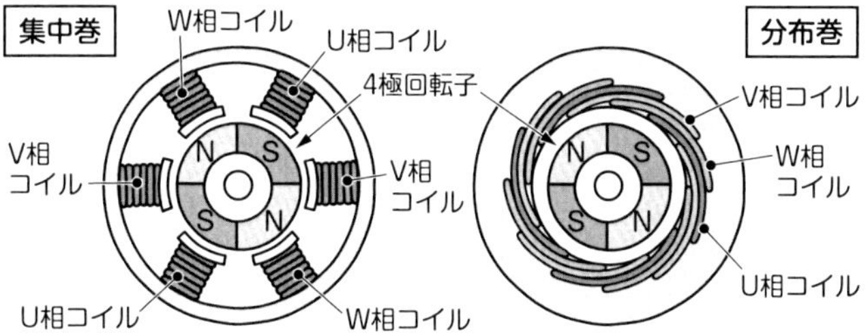

集中巻は各相のコイルを隣り合ったスロット間で巻き、コイルごとに磁極を構成する。スロットとスロットの間の突極（ティース）に巻き付けることになるので、突極集中巻ともいう。それに対して、各相のコイルをスロットをまたいで巻き、複数のコイルで磁極を構成する方法を分布巻という。

ホール効果とホール素子

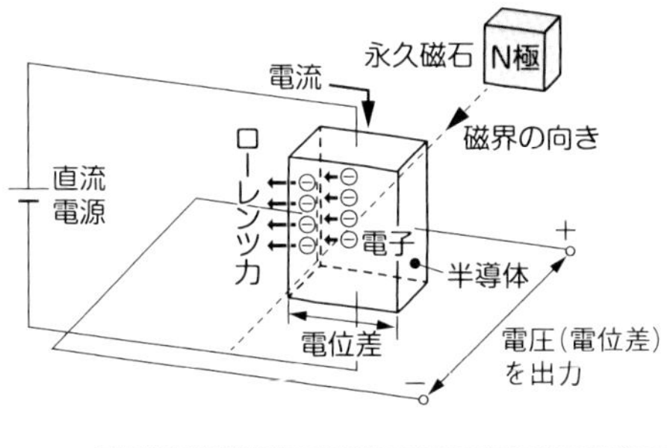

永久磁石が半導体に近づくと、フレミングの左手の法則に従って電子にローレンツ力が加わり、半導体の片方の側面に偏ることで電位差ができる（ホール効果）。ホール素子はホール効果を利用した磁気検出素子で、永久磁石のN極、S極が近づいたとき電圧（電位差）を出力する。ホール素子を内部に備えたモータをホールモータという。ホールは科学者の名前。

POINT
- ◎三相モータの接続方法にはスター結線とデルタ結線がある
- ◎コイルの巻き方は集中巻と分布巻に大別される
- ◎モータで利用されるセンサには、ホール素子や光学式エンコーダなどがある

5-5 ステッピングモータ(1) 回転原理

ステッピングモータの名前の由来は？　ステッピングモータを駆動するにはどうすればよいでしょうか？　また、ステッピングモータが回転速度や回転位置を正確に制御できるのはなぜでしょうか？

◩ステップを踏むように回るモータ

ステッピングモータは直流のパルス信号に同期して回転するモータで、**ステップモータ**、**ステッパモータ**、あるいは**パルスモータ**とも呼ばれています。運転には駆動回路が必要で、コントローラからドライバへ入力されるパルス信号に応じてモータが回転します（上図）。ステッピングモータは回転角度（や回転速度）を簡単に、かつ正確に制御できるので、高精度な動きが求められる機器に使用されます。

ブラシレスDCモータ（BLDCモータ）と基本原理は同じですが、BLDCモータのように連続的に回転するのではなく、ステッピングモータは一定の角度ずつ、ステップを踏むように断続的に回転します。たとえば、1秒ごとにカチカチと秒針が時を刻む時計は、ステッピングモータが1秒間に秒針が6°だけ回転するように制御されたものです。1回のパルスで回転する角度を**ステップ角**（または**分解能**）といい、ステップ角にパルス数を掛けたものが回転角になります（中図）。

◩ステッピングモータの回転原理

ステッピングモータは、BLDCモータと同様に、回転子を取り囲んだ固定子コイルに順番にパルス電流を流して回転磁界をつくり、それに回転子の磁界が吸引・反発することで回転します。このとき、1秒間のパルス切り替え数（周波数）を速くするとモータの回転も速くなり、遅くすると回転も遅くなります。また、逆回転させたいときは、励磁するコイルを逆順にします。

ステッピングモータを回転させるとき、つねに2相のコイルに電流が流れるようにします。1相のコイルだけを励磁すると、ガタガタしてスムーズに回転せず、騒音も発生するからです。下図に、2相コイル（バイポーラ結線➡p112）を1相ずつ励磁して、永久磁石の回転子（PM形ステッピングモータ➡p110）を回転させる例を示しました。

ステッピングモータはパルスの回数・速度と回転子の回転角度・速度が正確に比例するので、フィードバック制御をする必要はなく、あらかじめプログラムした指定速度や角度で回すオープンループ制御〈➡p94〉で運転することができます。ただし、センサを装備してより精密なフィードバック制御を行う製品も増えています。

ステッピングモータの駆動システム

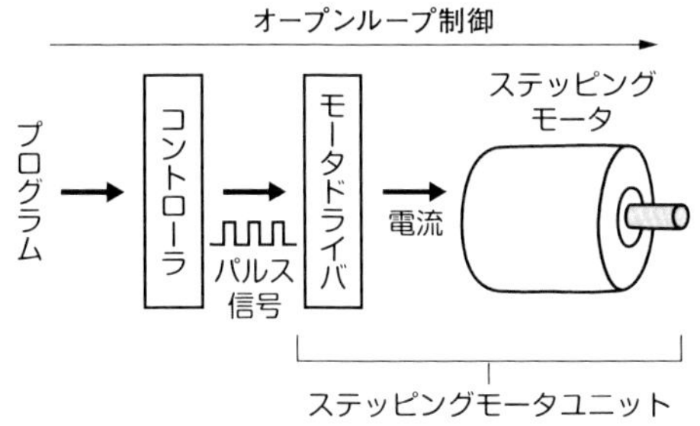

ステッピングモータはパルス信号に同期して回転するため、駆動回路が必要である。入力されたプログラムに沿ってコントローラがパルス信号をモータドライバに出力し、モータの回転速度や回転位置をオープンループ制御する。

パルスと回転角度

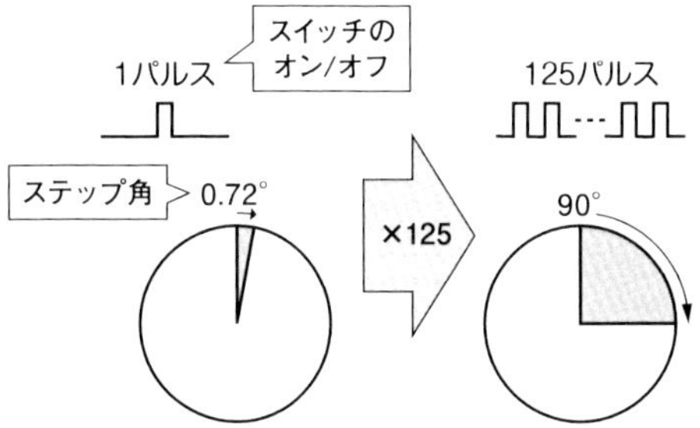

1パルスで0.72°回転させるとすると、125パルスでは、0.72°×125=90°回転する。このように、パルス信号を入力するごとに一定角度回転するので、総回転角度は入力パルスの総数に比例する。また、回転速度は1秒当たりのパルス数(周波数)に比例する。

ステッピングモータの回転原理(PM形、2相バイポーラ結線)

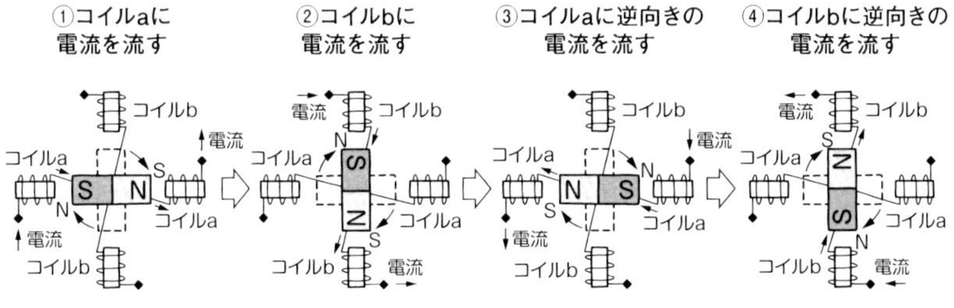

ローム(株)の図を参考に作成

コイルが固定され、永久磁石の回転子が回転する。①左側コイルの内側がN、右側コイルの内側がSになり、回転子が図のように止まる → ②上側コイルの内側がN、下側コイルの内側がSになり、回転子が時計回りに90°回転して止まる → ③左側コイルの内側がS、右側コイルの内側がNになり、回転子がさらに90°回転して止まる → ④上側コイルの内側がS、下側コイルの内側がNになり、回転子がさらに90°回転して止まる → ①にもどる

POINT

- ◎ステッピングモータはパルス信号に応じて断続的に回転する
- ◎ステッピングモータは固定子コイルに順番に電流を流し回転磁界をつくる
- ◎パルスの回数・速度と回転子の回転角度・速度は正確に比例する

5-6

ステッピングモータ(2) 構造による分類と特徴

ステッピングモータにはどのような種類がありますか？ ステッピングモータのハイブリッド形は何がハイブリッド(複合)なのですか？ また、ハイブリッドにする利点は何でしょうか？

◤構造により3種類に分類

ステッピングモータは回転子の構造の違いによって、①PM形、②VR形、③HB形の3種類に分けられます。上図は各種類の（固定子−回転子）の概念図です。

(1) PM形（永久磁石形：Permanent Magnet type）

前ページの下図で示したように、回転子に永久磁石を使用したタイプです。トルクが比較的大きくて、効率も高く、電流を流していない状態でも回転位置を保持することができます。ただし、回転角度を細かく設定できません。

ステッピングモータで最も普及しているのはPM形のうち**クローポール形**と呼ばれるものです。クローポールとは、固定子の鉄板（鉄心）を板金加工で爪（claw：クロー）の形にした歯（中図）で、これが磁極（pole；ポール）になります。爪の形にはいろいろありますが、このような磁極になる歯を**誘導子**といいます。なお、クローポール形は下記(3)のHB形に分類されることもあります。

(2) VR形（可変リラクタンス形：Variable Reluctance type）

回転子に永久磁石ではなく歯車状の鉄心（**軟鉄**や**ケイ素鋼**）を用いたタイプで、トルクは小さい反面、回転角度を細かく設定できます。固定子コイルに電流が流れて突極に磁界が発生すると、鉄心が励磁（磁化）されて回転します。このとき、回転子の歯と突極の先端に回転子と同じピッチで刻まれた歯によって、正確な回転角度の制御と位置の保持ができます。なお、鉄は強磁性体〈➡p18〉ですが、強磁性体にも外部磁界を取り去っても磁化されたままの**硬磁性体**と、外部磁界がなくなると磁性が消える**軟磁性体**があり、軟鉄やケイ素鋼は軟磁性体です。

VR形は現在ほとんど使用されませんが、VR形をクローズドループ制御する**スイッチトリラクタンスモータ**（SRモータ）〈➡p114〉は広く普及しています。

(3) HB形（複合形、ハイブリッド形：Hybrid type）

PM形とVR形の複合タイプ。円筒形の永久磁石を2つの歯車状鉄心ではさんだ構造の回転子を使用し（下図)、PM形の長所である比較的大きなトルクと高い効率を持つとともに、VR形の長所である細かな位置制御が可能です。そのため幅広い用途で活躍しています。

PM形、VR形、HB形の概念図

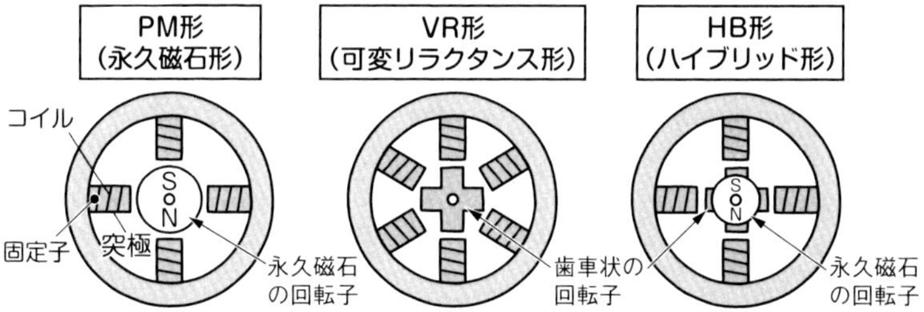

回転子に永久磁石を使用。トルクが大きく、効率もよいが、細かな位置制御はできない。

回転子に歯車状鉄心（軟鉄）を使用。トルクは小さいが、細かな位置制御が可能。

回転子に永久磁石と歯車状鉄心の両方を使用。大きなトルクを持ち、細かな位置制御が可能。

クローポール

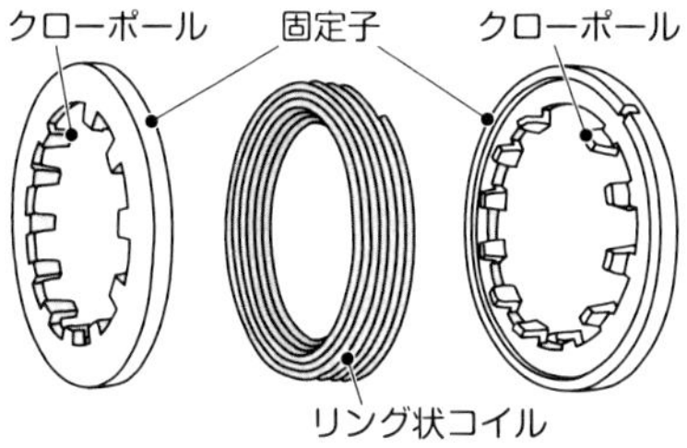

PM形の固定子は2つの鉄板がリング状のコイルをはさんだ構造になっており、互いのクローポールがかみ合う。クローポールは誘電子としてはたらくので、クローポールの数だけ磁極ができる。

HB形の構造

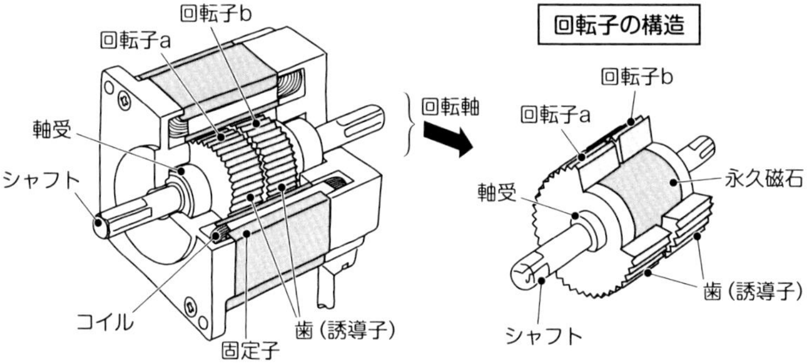

永久磁石の回転子を持つPM形と歯車状鉄心の回転子を持つVR形の複合形で、2つの歯車状鉄心（回転子aと回転子b）で永久磁石をはさんだ構造の回転子を持ち、PM形とVR形の両方の長所を発揮する。

POINT
- ◎ステッピングモータには回転子の構造が違うPM形、VR形、HB形がある
- ◎PM形は永久磁石の回転子を持ち、VR形は歯車状鉄心の回転子を持つ
- ◎HB形は永久磁石と歯車状鉄心の両方の回転子を持つ複合型である

5-7

ステッピングモータ(3) 駆動法による分類と特徴

ステッピングモータの駆動電流の流し方にはどのような方法がありますか？　それはコイルの巻き方と関係があるのでしょうか？　また、コイルの励磁方法にはどのようなやり方がありますか？

◤巻線方式による駆動法の分類

ステッピングモータの駆動法は、モータコイルの結線方式や励磁方式などの違いで分類できます。どの駆動法を使うかはモータの用途しだいです。まず固定子コイルの巻き方ですが、**ユニファイラ巻**（**モノファイラ巻**）と**バイファイラ巻**があります（上図)。「バイ」は「2つ」、「ユニ」と「モノ」は「1つ」という意味です。

一方、ステッピングモータには1～5相のものがあり、その中で最も多く使われているのは2相のモータ（二相モータ）です。駆動方式の主なものにはバイポーラ方式とユニポーラ方式があり、駆動電流の方向に違いがあります（中図)。

①**バイポーラ（双極性）駆動**：最も一般的な駆動法で、ユニファイラ巻の固定子コイルを**バイポーラ結線**で接続し、双方向に電流を流す方式。モータの構造は簡単で容易に電流を制御でき、高出力が得られるが、駆動回路は複雑になる。

②**ユニポーラ（単極性）駆動**：バイファイラ巻の固定子コイルを**ユニポーラ結線**で接続し、一方向にのみ電流を流す方式。バイポーラ駆動と比べて駆動回路が単純で高速駆動できるが、モータの構造は複雑になり、トルクは約半分になる。

なお、三相モータの結線にはスター結線やデルタ結線が使われます〈➡ p106〉。

◤励磁方式による駆動法の分類

励磁方式とは、固定子コイルに決まった順番で電流を流す方法を指します。二相モータでは、1相励磁、2相励磁、1-2相励磁の3種類があります（下図)。

❶**1相励磁駆動**：1相ずつ交互に励磁する。消費電力は小さいが、ステップごとに振動が発生しやすくなる。主としてユニポーラ駆動で使用する。

❷**2相励磁駆動**：2相を同時に励磁し、**フルステップ駆動**ともいう。ユニポーラの1相励磁よりも出力が大きく回転も滑らかなので、現在最も普及している。

❸**1-2相励磁駆動**：1相励磁と2相励磁を交互に繰り返し、**ハーフステップ駆動**ともいう。2相励磁駆動よりさらに滑らかに回転する。

以上のように、駆動方法は何に注目するかでいろいろに分類されます。ほかにも、つねに電流を一定に保つ定電流駆動や一定の電圧をかける定電圧駆動、相ごとに電流の大きさを細かに変えるマイクロステップ駆動などがあります。

巻線方法（ユニファイラ巻とバイファイラ巻）

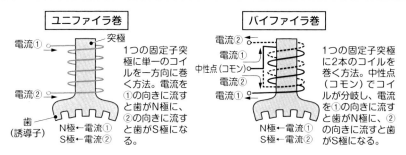

ユニファイラ巻

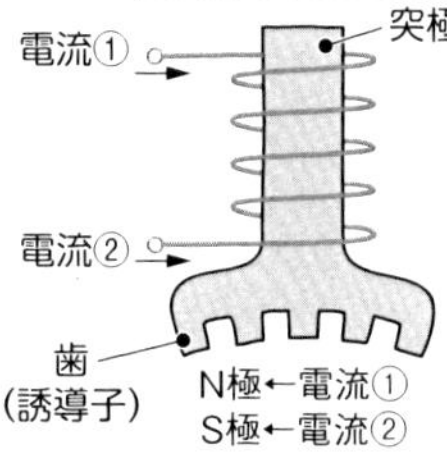

1つの固定子突極に単一のコイルを一方向に巻く方法。電流を①の向きに流すと歯がN極に、②の向きに流すと歯がS極になる。

バイファイラ巻

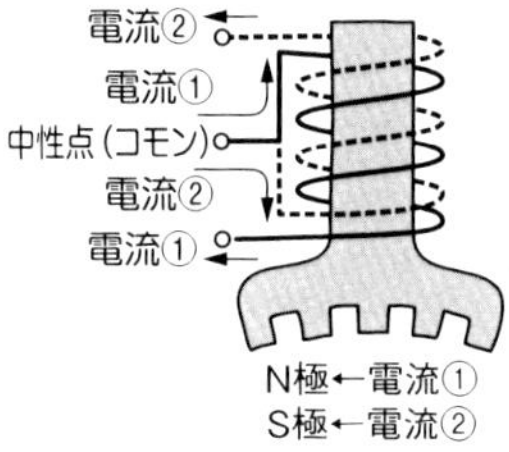

1つの固定子突極に2本のコイルを巻く方法。中性点（コモン）でコイルが分岐し、電流を①の向きに流すと歯がN極に、②の向きに流すと歯がS極になる。

二相モータのバイポーラ駆動とユニポーラ駆動

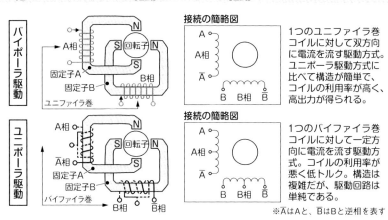

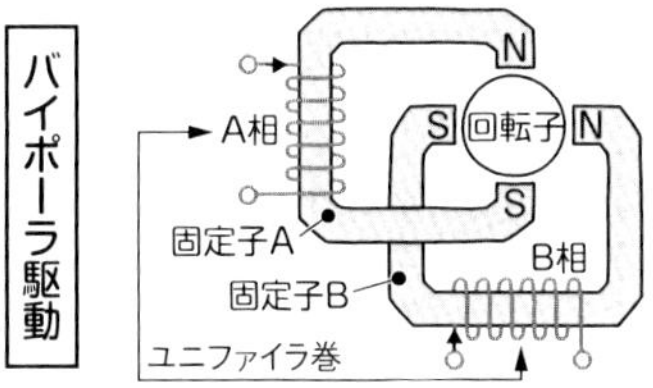

接続の箇略図

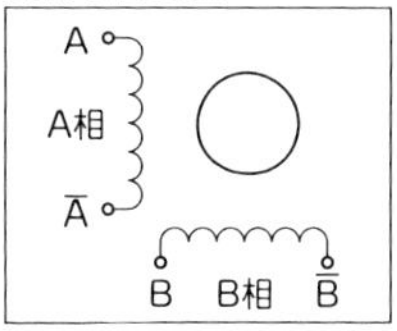

1つのユニファイラ巻コイルに対して双方向に電流を流す駆動方式。ユニポーラ駆動方式に比べて構造が簡単で、コイルの利用率が高く、高出力が得られる。

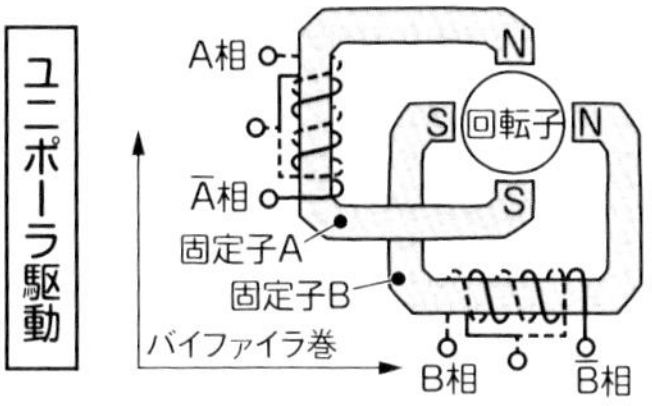

接続の箇略図

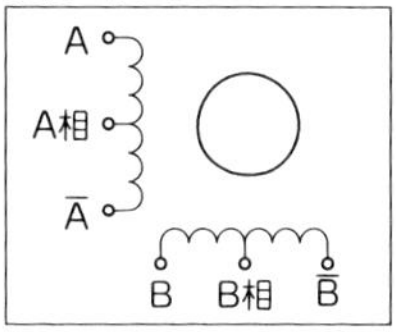

1つのバイファイラ巻コイルに対して一定方向に電流を流す駆動方式。コイルの利用率が悪く低トルク。構造は複雑だが、駆動回路は単純である。

※$\overline{A}$はAと、$\overline{B}$はBと逆相を表す

二相モータの励磁方式

1相励磁駆動

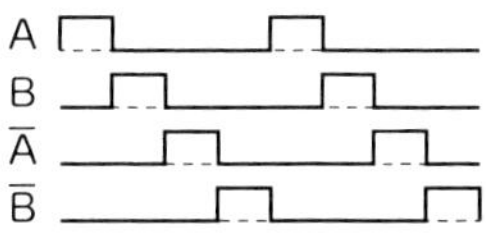

A→B→$\overline{A}$→$\overline{B}$の順に励磁。主にユニポーラ駆動で使用する。半分のコイルにしか通電しないので、消費電力は小さい。

2相励磁駆動

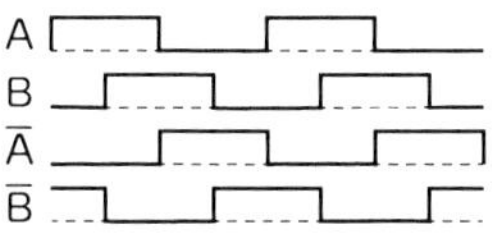

A+$\overline{B}$→A+B→$\overline{A}$+B→$\overline{A}$+$\overline{B}$の順に、2相ずつ励磁。主にバイポーラ駆動で使用する。出力トルクが大きく回転も滑らか。

1-2相励磁駆動

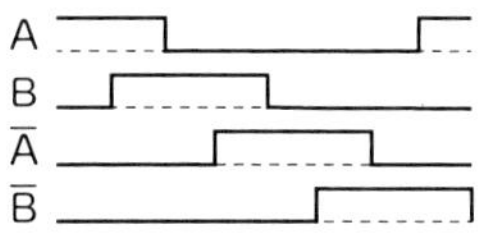

A→A+B→B→$\overline{A}$+B→$\overline{A}$→$\overline{A}$+$\overline{B}$→$\overline{B}$の順に励磁。1相励磁と2相励磁を交互に繰り返す。ステップ角は半分（ハーフステップ）になる。

POINT

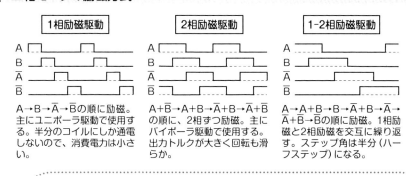

◎固定子コイルの巻き方にはユニファイラ巻とバイファイラ巻がある
◎二相モータの駆動方法にバイポーラ駆動とユニポーラ駆動がある
◎二相モータの励磁方式には1相励磁、2相励磁、1-2相励磁がある

5-8 スイッチトリラクタンスモータ（SRモータ）

スイッチトリラクタンスモータとVR形ステッピングモータは同じものなのでしょうか？　また、リラクタンスモータはどのような力によって回転するのですか？

◩VRモータからSRモータへ

スイッチトリラクタンスモータ（Switched reluctance motor）は、VR形ステッピングモータ〈➡p110〉と基本的に同じものです。VRは「可変リラクタンス」と訳され、「スイッチト」は「切り替え」を意味するので、言葉としても両者はほぼ同じ意味になります。スイッチトリラクタンスモータには定着した和名がなく、**SRモータ**というイニシャル表記がよく使われ、またVR形ステッピングモータも**VRモータ**の略称で通じますので、ここではそれらの略称を用います。

そもそもステッピングモータの最大の特徴は、駆動回路からのパルス信号によりフィードバックなしのオープンループ制御で精密な位置制御ができることです。しかし、モータの負荷が大きかったり、界磁の回転速度を急に変えたりすると、回転子が回転磁界に追いつけなくなり、異常振動が起こったり、停止したりすることがあり、同期を失うこの現象を**脱調**（または**同期はずれ**）といいます（上図）。

脱調を防ぐためには回転子の位置を検知し、それに応じたパルス信号を送ることが必要になります。そこで、ホール素子などの位置検出機構を設けてクローズドループ制御（フィードバック制御）を行うステッピングモータが登場しました。これをSRモータと称することが多いようです。現在オープンループ制御のVRモータはほとんど普及していませんが、SRモータは掃除機や洗濯機などの家電製品に使用されているほか、電気自動車や宇宙空間での使用も期待されています。

◩リラクタンスモータの回転原理

VRやSRの名称にある**リラクタンス**とは**磁気抵抗**のことです。磁気回路において、磁束は磁気抵抗の最も小さい経路（**磁路**）を進むという性質を利用したモータを**リラクタンスモータ**といいます。リラクタンスモータは回転子に永久磁石でも電磁石でもなく軟鉄やケイ素綱〈➡p110〉を用い、励磁された固定子突極に回転子突極（歯）が磁化され吸引されることで回転します。そのときの回転力を**リラクタンストルク**といいます。固定子と回転子の突極がずれているとき、磁力線は曲がり、磁気抵抗が大きい空気中を長く通ります。そのため、磁束が磁気抵抗が最小の経路を通ろうとし、リラクタンストルクが発生します（下図）。

脱調（同期はずれ）の概念図

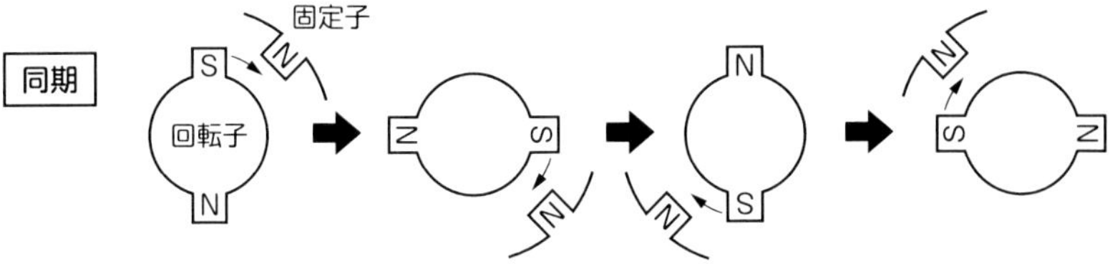

正常な回転では、固定子の回転磁界に回転子が追従し、回転子が滑らかに回転する。

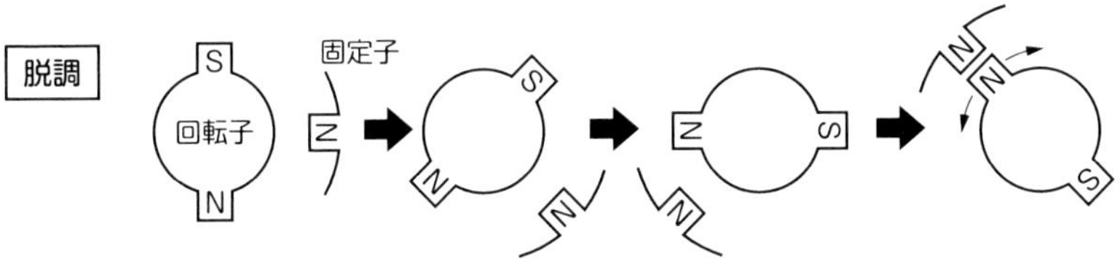

モータの負荷が大きかったり、回転磁界の速度が急に変わったりすると、回転子が回転磁界に追いつけなくなり、異常振動を起こしたり、回転が停止したりする。

リラクタンストルクの原理

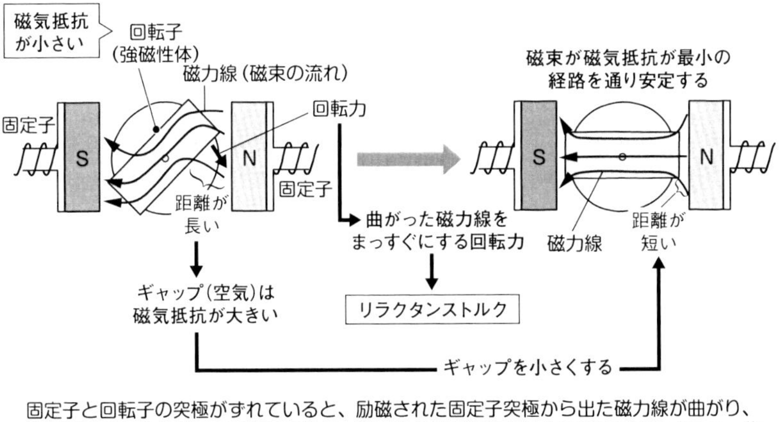

固定子と回転子の突極がずれていると、励磁された固定子突極から出た磁力線が曲がり、磁気抵抗の大きなギャップを長く進む。磁力線が磁気抵抗が最小の経路を進むように、曲がったゴムひもをまっすぐ伸ばすような力（回転力＝リラクタンストルク）がはたらき、回転子が回転する。

POINT

- ◎SRモータとVRモータは基本的に同じものである
- ◎VRモータをフィードバック制御するものをSRモータということが多い
- ◎SRモータは磁気抵抗を最小にしようとするリラクタンストルクで回転する

COLUMN 5

日本列島を2分する
50Hz-60Hz問題

「50Hz-60Hz問題」とは、電源周波数が50Hz（ヘルツ）の地域と60Hzの地域に日本列島が2分されていて、そのために数々の問題が生じてきたという話です。なぜ電源周波数が2種類あるのかといえば、明治時代に発電機を輸入した際、関東ではドイツから50Hzの発電機を、関西ではアメリカから60Hzの発電機を購入したからです。その流れで現在、北海道電力、東北電力、東京電力が50Hzの電気を供給し、中部電力（一部地域を除く）、北陸電力、関西電力、中国電力、四国電力、九州電力、沖縄電力が60Hzの交流を供給しているのです。日本のように複数の電源周波数が混在する国は数カ国だけで、北・南米と台湾・韓国などでは60Hz、その他の地域ではおおむね50Hzを採用しています。

電源周波数が違うと、たとえば東日本（50Hz）から西日本（60Hz）へ引っ越しすると、同じ交流モータの回転速度が変わります。交流モータの回転速度は周波数に比例しますので、50Hz用のモータを60Hz地域で使用すると回転速度が速くなり、逆のケースでは回転速度が遅くなります。このような理由から筆者が若い頃は東日本⇄西日本の引っ越しでは、電気製品を新しく買い替えたり、部品を交換したりしなければなりませんでした。もっとも現在では、どちらの周波数でも問題なく使える製品が大半になりました。

とはいえ、電気機器メーカーの努力で「50Hz-60Hz問題」が片付いたかというとそうではありません。電力会社間で電気を融通できないという大問題が残っているのです。それが露呈したのが2011年に発生した東日本大震災のときでした。地震と津波で東日本の原子力発電所や火力発電所の多くが運転を停止し、極度の電力不足が生じました。このとき中部電力と関西電力から電気を送ってもらうことにしたのですが、そこに立ちはだかったのが50Hz-60Hzの壁でした。2社の電気を東日本に送るためには「周波数変換所」で周波数を変える必要があるものの、その変換能力が不足電力に追いつかなかったのです。そのためやむなく、東日本で計画停電が実施されました。

第6章

AC（交流）モータの種類としくみ

Types and mechanism of AC (alternating current) motor

6-1 ACモータの分類

交流のうち単相、二相、三相はどのような電気のことをいうのですか？ ACモータを分類するには、どのような観点に注目すればよいのでしょうか？　また、同期モータと誘導モータはどう違うのですか？

◩交流電源の種類

直流で駆動するDCモータに対して、交流（AC）で駆動するモータを**交流モータ（ACモータ）**といいます。直流は電圧・電流（以下、電気と表記）の向きと大きさがつねに一定ですが、交流は電気の向きと大きさが周期的に変化します。一般に、交流電気の波形は正弦波になり、その波形1つで表される1系統の電気を**単相交流**といい、90°のずれで2系統の単相交流が流れる場合を**二相交流**、120°のずれで3系統の単相交流が流れる場合を**三相交流**といいます（上図）。

家庭の2つ穴の100V電源からは単相交流が、工場などの3つ穴の200V電源からは三相交流が配電されており、単相交流で駆動するモータを**単相交流モータ**、三相交流で駆動するモータを**三相交流モータ**といいます。ただし、コンデンサを利用して単相を疑似二相にして駆動する機種もあるほか、二相、五相、七相などの交流電源で駆動する特殊なモータもあります。

◩ACモータの分類

一般に、ACモータには商用電源につなぐだけで回転する、扱いやすいモータが多くあります。ACモータの最大の長所は、DCモータのようにブラシを使用したり、あるいはそれに代わる転流機構を装備したりする必要がなく、基本的にメンテナンスフリーで信頼性が高いことです（交流整流子モータを除く➡p146）。また、構造が簡単で、それゆえ安価であることもメリットです。もっともACモータにも非常に多くの種類があり、それぞれ長所と短所があります。

そんなACモータを分類する方法にもさまざまな考え方があり、本書ではまず「回転原理の違い」により、**同期モータ**と**誘導モータ**、**交流整流子モータ**の3つに大別しています（下図）。このうち同期モータと誘導モータは回転磁界を利用するので、回転磁界形として1つにまとめることもできます。両者の違いを端的にいうと、同期モータ〈➡p120〉は引き合う磁力で回転し、誘導モータ〈➡p128〉は電磁力（ローレンツ力）で回転します。

次に「電源の違い」により、単相交流モータと三相交流モータに分類し、さらに「回転子の構造の違い」などで分類しました。

正弦波交流(単相・二相・三相)

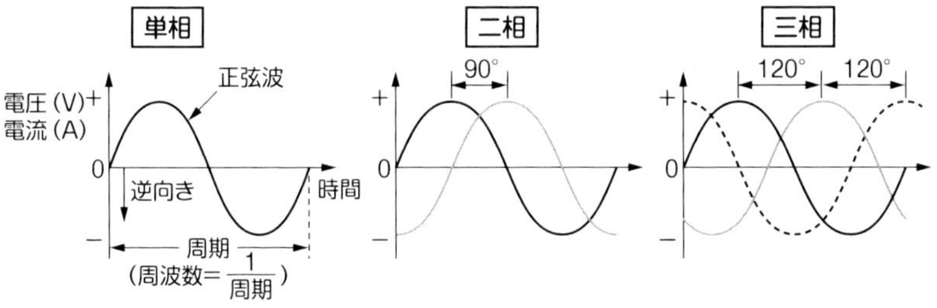

電圧·電流の大きさは周期的に増減を繰り返す。そのとき半周期は正の向きに、あとの半周期は逆向きになる。

90°波形がずれた(位相差という)2系統の単相交流の組み合わせ。通常4本の配線で供給される。

120°ずつ位相差がある3系統の単相交流の組み合わせ。3本の配線で供給される。

ACモータの分類

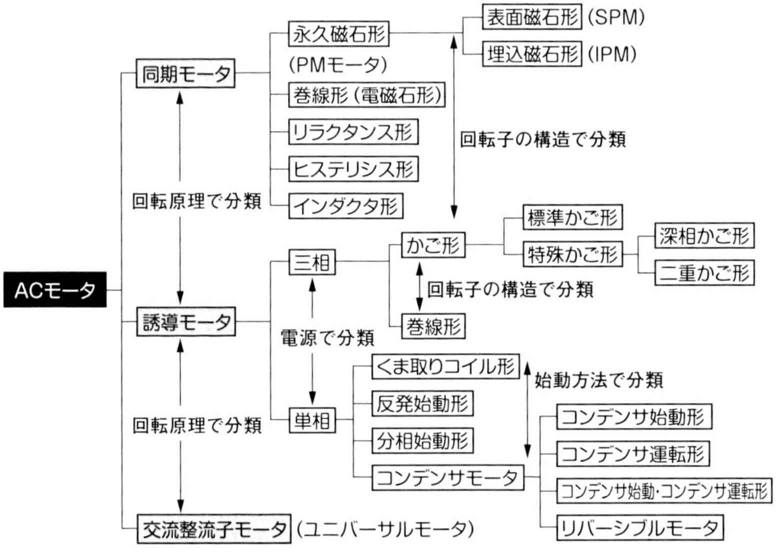

ACモータはまず回転原理の違いにより、同期モータ、誘導モータ、交流整流子モータの3種類に分類し、次に誘導モータは電源の違いにより三相モータと単相モータに分類する。この順番は逆でもよいが、モータの特徴として電源より回転原理を優先した。同期モータと三相誘導モータはさらに回転子の構造で分類し、また単相誘導モータは始動方法でも分類した。

POINT

◎ACモータは同期モータ、誘導モータ、交流整流子モータに大別できる
◎ACモータは主として三相交流か単相交流で駆動する
◎ACモータは回転子の構造の違いによっても分類される

6-2 同期モータ(1) 回転原理と始動法

同期モータの「同期」はどのような意味ですか？　同期モータでは界磁と電機子は何になるのですか？　また、同期モータはそのままでは始動できないといいますが、どのようにして始動させるのですか？

◤構造と回転原理はブラシレスDCモータと基本的に同じ

同期モータ（と誘導モータ➡p128）は、回転磁界を利用して回転する交流（AC）モータです。「同期」という名称は、固定子がつくる回転磁界と回転子が同じ速さで回転することによります。「交流」を付けずに単に「同期モータ」と呼ぶのが一般的で、「同期する（形容詞）」を英語で「synchronous」というので、**シンクロナスモータ**とも呼ばれます。

同期モータは、外側に回転磁界をつくる固定子、内側に回転子があり（上図）、構造はブラシレスDCモータ（BLDCモータ）やステッピングモータと基本的に同じです。ちなみに、回転界磁形のモータである同期モータ、BLDCモータ、ステッピングモータ、誘導モータでは回転子が界磁の役割を持ち、固定子が電機子です（DCモータとは逆）。ただし、同期モータの回転子には永久磁石を用いたものや電磁石を用いたものなど、構造が違うものが複数あります〈➡p122〉。

◤回転原理と回転速度

同期モータは通常三相交流で駆動し、回転原理（中図）もBLDCモータやステッピングモータと基本的に同じです〈➡p104〉。すなわち、固定子コイルの回転磁界の速度は交流電源の周波数によって決まり、回転子は回転磁界に同期して回転します。この回転速度を**同期速度**（または**同期回転数**）といいます。同期速度は、2×三相交流の周波数÷固定子の極数で求められます。なお、同期速度より遅い速度で回転するモータを**非同期モータ**（＝**誘導モータ**）といいます。

◤同期モータの始動方法

同期モータは、停止した状態でスイッチを入れて電流を流しても、回転磁界の速度に回転子がついて行けず、始動できません。同期モータを始動するには最初に回転させる仕掛けが必要で、それには主に次の2つの方法があります。

①**自己始動法**：回転子に制動巻線を施し、三相誘導モータとして始動する。同期速度近くまで加速したら、回転子を励磁し、同期モータとして運転する。

②**始動電動機法**：DCモータや誘導モータを始動用モータとして用い、同期速度近くまで加速したら回転子を励磁し、同期モータとして運転する（下図）。

同期モータ（永久磁石形）の構造

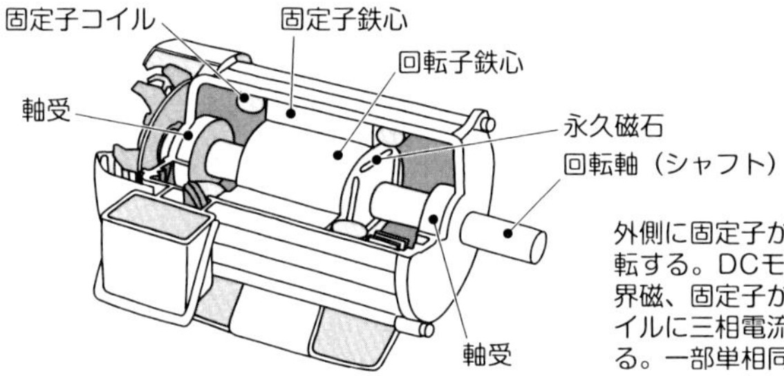

外側に固定子があり、内側の回転子が回転する。DCモータとは逆に、回転子が界磁、固定子が電機子となる。固定子コイルに三相電流を流すと回転磁界が生じる。一部単相同期モータもある。

同期モータの回転イメージ

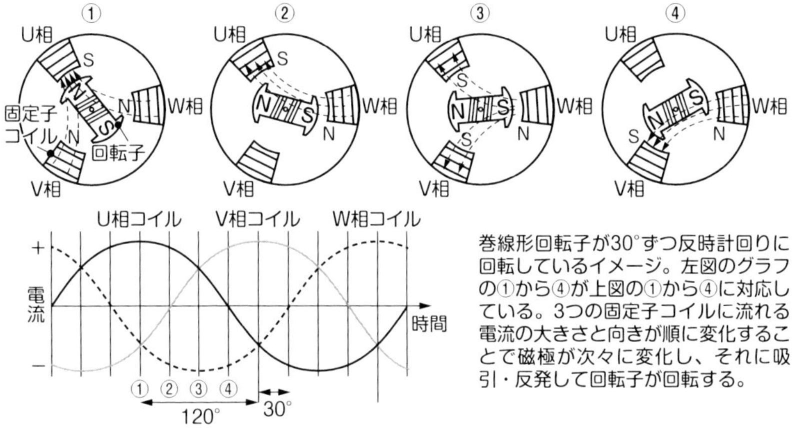

巻線形回転子が30°ずつ反時計回りに回転しているイメージ。左図のグラフの①から④が上図の①から④に対応している。3つの固定子コイルに流れる電流の大きさと向きが順に変化することで磁極が次々に変化し、それに吸引・反発して回転子が回転する。

始動電動機法

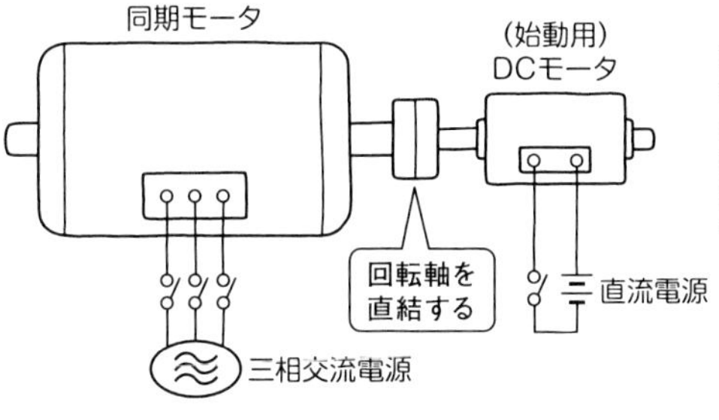

始動用モータと同期モータの回転軸を直結し、始動用モータで同期モータを回転させ、同期速度近くになったら同期モータのスイッチを入れる。始動用の補助モータにはDCモータや単相誘導モータなどが用いられる。

POINT

◎同期モータは回転磁界の速度（同期速度）に同期して回転する
◎同期モータの界磁は回転子、電機子は固定子である
◎同期モータを始動する主な方法に、自己始動法と始動電動機法がある

6-3 同期モータ(2) 種類と特徴①

同期モータにはどのような種類がありますか？　永久磁石形において、回転子構造が異なる表面磁石形と埋込磁石形では、モータの回転はどのように違うのでしょうか？

◩同期モータの分類

同期モータは回転子の構造の違いによって、主として、**永久磁石形**（**PMモータ**）、**巻線形**（**電磁石形**）、**リラクタンス形**、**ヒステリシス形**、**インダクタ形**の5つのタイプに分けられます（上図、p125上図）。回転の基本原理は同じですが、委細は異なります。また、固定子の構造にも全節巻と集中巻の2種類があります。

◩回転子の構造の違いによる分類

(1) 永久磁石形（PMモータ）

回転子に永久磁石を使用したタイプで、**PMモータ**（またはACブラシレスモータ）とも呼ばれています。PMとは「Permanent Magnet」（永久磁石）の略です。構造が簡単で小形モータに多用されており、永久磁石を回転子鉄心の表面に貼り付けた**表面磁石形**（**SPM**：Surface PM）と、鉄心内部に組み込んだ**埋込磁石形**（**IPM**：Interior PM）があります〈➡p100〉。SPMは最高回転速度に限界があるほか、永久磁石がはがれる恐れがあり高速回転には向きませんが、IPMは高速回転も問題なく、またリラクタンストルクが発生し磁気トルクと合わせて大トルクを得られます。

(2) 巻線形（電磁石形）

回転子に電磁石を使用したタイプです。固定子の交流電源とは別に直流電源を用意し、ブラシと接触する回転軸の**スリップリング**を通して回転子の巻線（コイル）に直流電流を流し、界磁をつくります（中図）。スリップリングはDCブラシモータの整流子と同じく電流の接点としてはたらく部品ですが、整流子のように電流の向きを変えるものではありません。ただし、メンテナンスは必要です。

(3) リラクタンス形（レラクタンス形と表記することもある）

回転子に鉄心だけを使用したタイプで、**シンクロナスリラクタンスモータ**（**SynRM**）とも呼ばれています。VRモータ〈➡p114〉と同様にリラクタンス（磁気抵抗）を利用し、磁化された突極と回転磁界との吸引力で回転します。固定子の極数と回転子の突極の数が同数のものを**同期式リラクタンスモータ**、両者の数が異なるものを可変式リラクタンスモータ（VRモータ）といいます。下図に、リラクタンス形の代表的なロータ形状を示しました。

同期モータの回転子(1) p125・上図に続く

①永久磁石形(PMモータ)

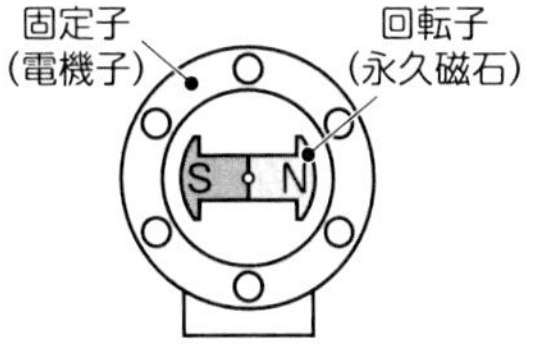

表面磁石形(SPM)と埋込磁石形(IPM)があり、SPMは界磁の回転で逆起電力が発生し回転を阻害するが、IPMは設計しだいで逆起電力を低減でき高速回転できる。

②巻線形(電磁石形)

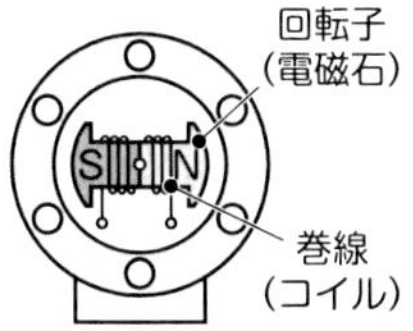

コイルに流す電流(界磁電流)を調整することで力率を制御できる。力率とは皮相電力(モータに供給される電力)に対する有効電力(実際に消費される電力)の割合。

③リラクタンス形

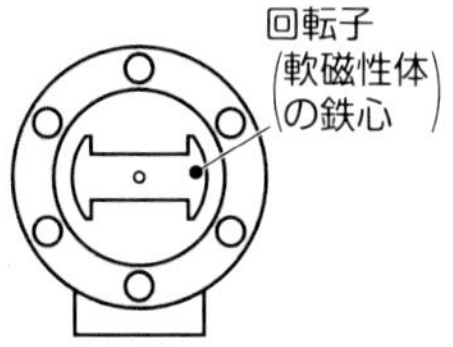

鉄心に発生する渦電流損失を低減するため薄い鉄板(軟磁性体材料)を重ねた積層構造をとる。回転磁界に回転子が反応(リアクション)して回るためリアクション形ともいう。

巻線形同期モータのスリップリング

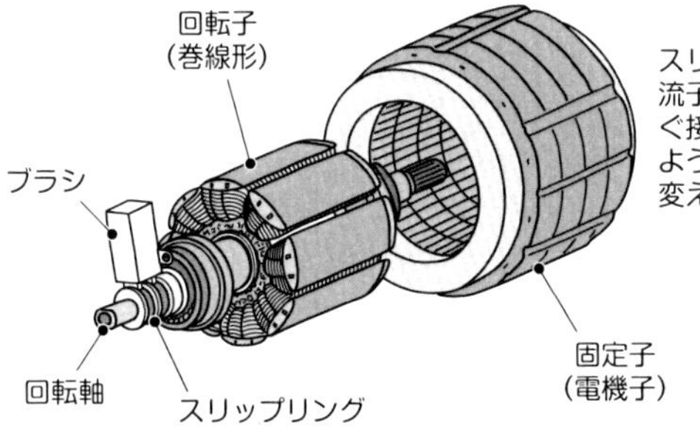

スリップリングはDCブラシモータの整流子と同様に、電源と回転子巻線をつなぐ接点の役目をする部品だが、整流子のように分割されておらず、電流の向きを変えることなくつねに一方向に流す。

リラクタンス形の代表的な回転子形状

①マルチフラックスバリア形

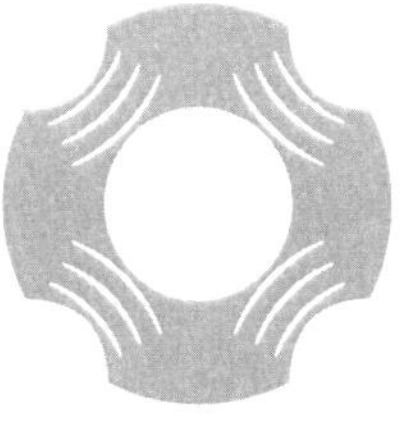

フラックスバリア(磁束を通さないという意味)を多数設けた鉄心を積層する。IPM形同期モータの永久磁石を取り去り、リラクタンストルクのみで回転するモータと見なせる。

②アキシャルラミネート形

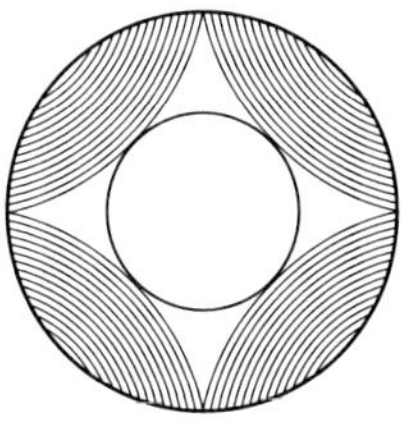

アキシャルとは「軸方向の」という意味。強磁性体(軟磁性体)の鉄板と非磁性体シートを交互に積層する。トルク密度が大きく、高効率になるというメリットがある。

「モータの基礎と永久磁石シリーズ(9)」ネオマグ(株)の図を参考に作成

POINT

◎同期モータの主要なものには、永久磁石形(PMモータ)、巻線形(電磁石形)、リラクタンス形、ヒステリシス形、インダクタ形の5タイプがある
◎巻線形では、整流子の代わりにスリップリングを電気接点に使う

6-4

同期モータ(3) 種類と特徴②

ヒステリシスモータは、ヒステリシス損失を利用してトルクを得るモータなのですか？　また、インダクタモータとインダクションモータは別の種類のモータなのでしょうか？

◤回転子の構造の違いによる分類(前ページからの続き)

(4) ヒステリシス形

ヒステリシス形（**ヒステリシスモータ**）の回転子には巻線がなく、非磁性体の中心部の回りをリング状のヒステリシス損失〈➡p48〉が大きい磁性材料が囲む構造をしています（上図）。固定子の回転磁界によりリングが磁化されて生じた磁極が残留することで、回転子が回転磁界に同期して回ります。そのときのヒステリシストルクはヒステリシスループの面積に比例し、ループは回転速度に関係しないので、始動から同期速度までトルクは一定で回転ムラや振動が小さくなります。

(5) インダクタ形

インダクタとは「誘導子」のことであり、インダクタ形は固定子もしくは回転子の鉄心に歯形の誘導子を持ち、**インダクタモータ**とも呼ばれます。回転子には、永久磁石形、歯車状鉄心形、2つの歯車状鉄心で永久磁石をはさんだハイブリッド形があり、また固定子には歯が爪形のクローポール形があります（上図、中図）。これらインダクタモータの回転力は、リラクタンストルクと磁気力によるものです。

実はインダクタモータはステッピングモータ〈➡p110〉と基本的に同じ構造であり、パルス波で駆動するのがステッピングモータ、交流で駆動するのがインダクタモータになります。そのためインダクタモータを**ACステッピングモータ**ともいいます。また、インダクタモータは極端な低速回転が可能なため**超低速同期モータ**とも呼ばれます。なお、同期モータのインダクタモータは、誘導モータ（インダクションモータという）〈➡p128〉と名称も意味も似ていますが、別物のモータです。

◤まだあるハイブリッド形同期モータ

ハイブリッド形モータにはほかに、**ハイブリッド界磁同期モータ**（**HFSM**：Hybrid—Field Synchronous Motor）と誘導同期モータがあります。HFSMは回転子界磁として巻線と永久磁石の両方を持っており、前項の（1）永久磁石形と（2）巻線形のハイブリッドといえます。HFSMには自励式と他励式があります。一方、**誘導同期モータ**は誘導モータのかご形回転子に巻線形回転子（または永久磁石）を備えた構造で、同期モータと誘導モータとのハイブリッドモータといえます（下図）。

同期モータの回転子(2) p123・上図からの続き

④ヒステリシス形

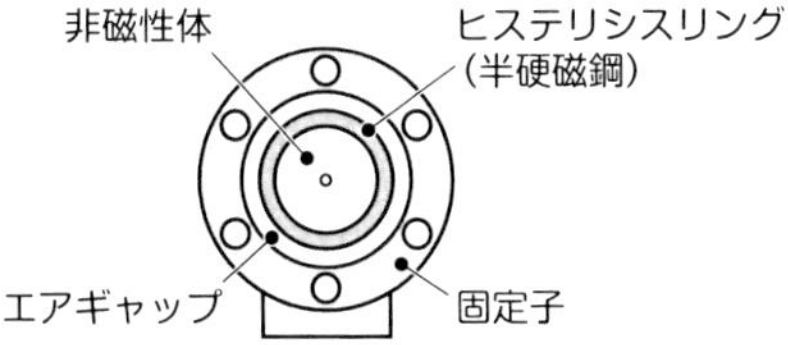

ヒステリシスリングは半硬磁鋼からなり、固定子起磁力によって磁化されると、ヒステリシス特性によりトルクを発生し回転する。半硬磁鋼とは、保磁力が硬磁性材料と軟磁性材料の中間的な材料。

⑤インダクタ形（歯車状鉄心+永久磁石）

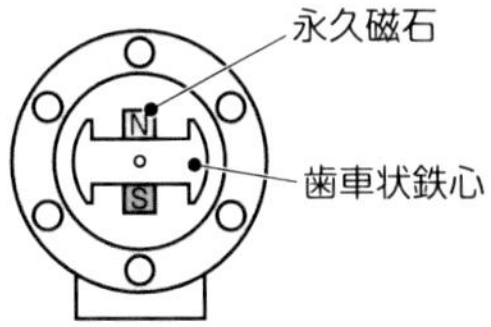

インダクタ形（誘導子形）の回転子には主に3タイプがあり、上図はリラクタンストルクを発生させる歯車状鉄心と、磁気力で回転力を得る永久磁石の2つから構成されるハイブリッド形回転子の例。

インダクタモータの構造（永久磁石形、クローポール形）

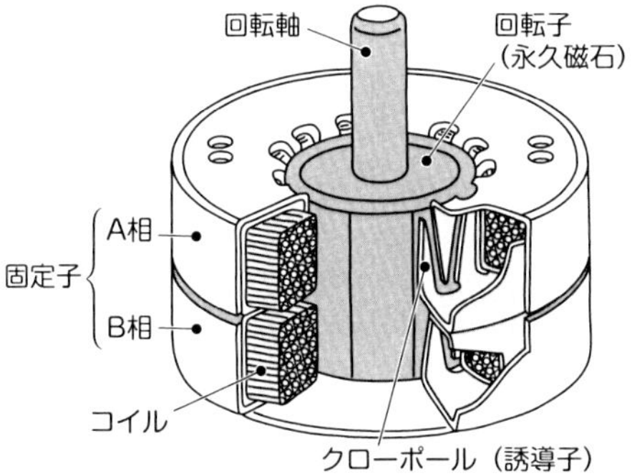

日本電産（株）の図を参考に作成

図は永久磁石界磁形で、固定子にクローポールを持つインダクタモータの構造図。2相のリング状のコイルと突極構造（クローポール）を組み合わせてコイルに電流を流すと、クローポール（誘導子）の1つ1つに磁極が発生する（誘導される）。ロータに細かく着磁させた永久磁石を使うと、交流電気の1周期で回転子がわずかな角度しか回転しないため、非常に定速度の回転が可能になる。

誘導同期モータの回転子

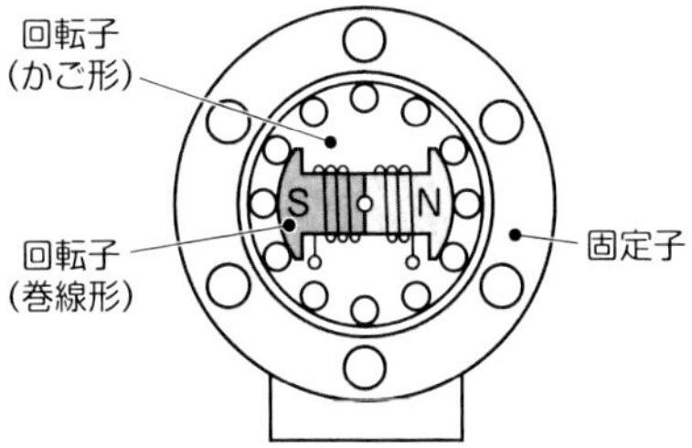

誘導同期モータは、誘導モータによく使われるかご形の回転子と巻線形回転子の両方を備えたハイブリッド形で、巻線形誘導モータ〈➡p132〉と同様の構造である。誘導モータとして自己始動し、同期速度近くになると回転子巻線に直流電流を流して同期速度で回転する。始動トルクが大きいためEV用途に適する。界磁（回転子）に巻線ではなく永久磁石を使用するタイプもある。

POINT

◎ヒステリシスモータはヒステリシス損失を利用して回転する同期モータである
◎インダクタモータにはクローポール形とハイブリッド形などがある
◎インダクタモータをパルス波で駆動するモータがステッピングモータである

6-5

同期モータ(4) 電機子反作用とV曲線特性

電機子反作用、あるいはこれに関係する遅れ力率や進み力率とは何のことですか？　また、同期モータのV曲線とはどのような特性を示すグラフなのでしょうか？

◤界磁を揺るがす電機子反作用

同期モータは、回転子（界磁）の磁極と固定子（電機子）の回転磁界との間ではたらく磁気的吸引力によって回転しますが、このとき電機子の磁束が界磁磁束に影響を与えます。これを**電機子反作用**といい、DCモータでも似た現象が生じます。

同期モータの電機子反作用は、電機子の電圧と電流における位相のずれと関係します。電機子電圧の位相を基準にして、電機子電流の位相が遅れている場合を**遅れ力率**といい、その電流（**遅れ電流**）による電機子反作用は界磁の磁束を増す**増磁作用**になります。逆に、電流の位相が電圧の位相より進んでいる場合を**進み力率**といい、その電流（**進み電流**）による電機子反作用は界磁の減磁作用になります。電圧と電流が同位相の場合の電機子反作用は**交差磁化作用**になります（上図)。

なお、**力率**（中図）は皮相電力（供給電力）に対する有効電力の割合ですが、電圧と電流の位相差をθとすると、$\cos\theta$が力率を表します。また力率と効率〈➡ p38〉は言葉も概念も似ていますが、有効電力＋無効電力≠皮相電力です。

◤V曲線が示す意味

横軸に界磁電流、縦軸に電機子電流を取り、電圧一定の電源に接続した出力一定の同期モータの界磁電流と電機子電流の関係を示したグラフが下図です。このグラフは**位相特性曲線**といいますが、曲線の形から**V曲線**と呼ばれており、同期モータの特性を表す非常に重要なものとなっています。

グラフより、界磁電流を大きく（あるいは小さく）すると、電機子電流は当初は低下するものの、最小値を過ぎると増加に転じます。最小値は力率1の、すなわち無効電流が0のときの電機子電流値を示しています。

つまりV曲線は、同期モータが界磁電流を変えることで力率を任意に調整でき、無効電力を制御できることを表しています。この特性を利用して力率の調整を行うための特別な同期モータを**同期調相器（ロータリーコンデンサ）**といいます。

なお、最小値（力率1）の右側では電機子電流は進み電流になり、左側では遅れ電流になります。また、モータの負荷が大きくなると界磁電流も電機子電流も大きくなるので、グラフはやや右に寄りながら上方へ移動します。

遅れ力率・進み力率と電機子反作用

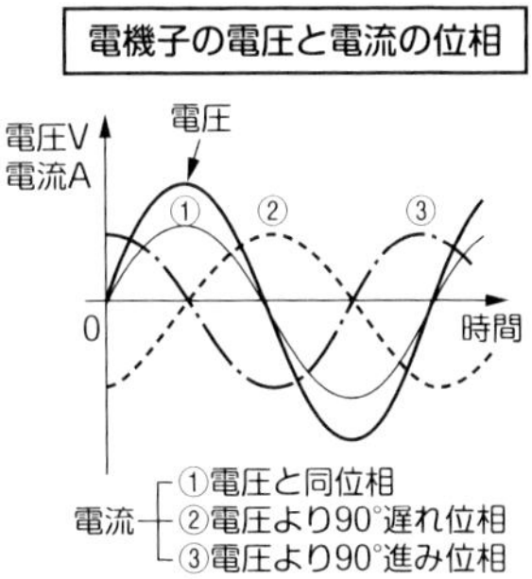

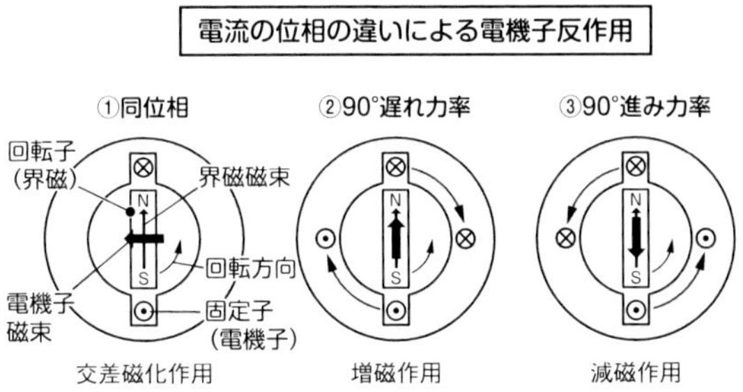

※⊗は紙面の表から裏へ向けて、⊙は裏から表へ向けて電流が流れていることを示す。

①電機子の電圧と電流が同位相の場合、電機子磁束は界磁磁束を横切る向きになる(交差磁化作用)。
②90°遅れ力率の場合、電機子磁束が①に対して時計回り(右回り)に90°回転し、界磁磁束と同じ向きになる(増磁作用)。
③90°進み力率の場合、電機子磁束が①に対して反時計回り(左回り)に90°回転し、界磁磁束と逆向きになる(減磁作用)。
なお、コイルに流れる電流の位相は電圧に対して90°遅れ、コンデンサに流れる電流の位相は90°進む。抵抗に流れる電流は電圧と同相である。電機子反作用はDCモータでも発生する。

力率

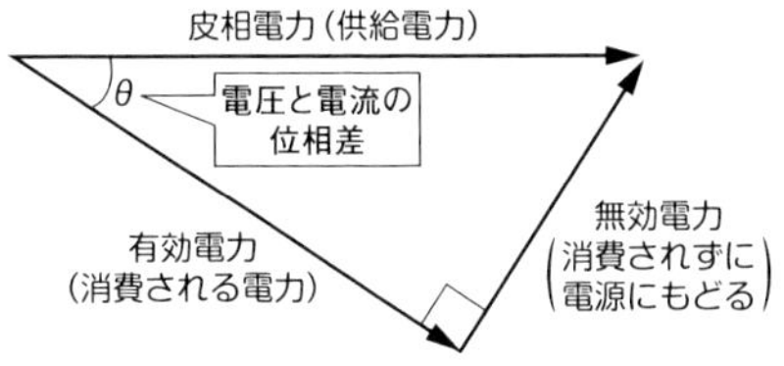

$$(\text{皮相電力})^2 = (\text{有効電力})^2 + (\text{無効電力})^2$$

$$\cos\theta = \frac{\text{有効電力}}{\text{皮相電力}} = \text{力率}$$

$$\sin\theta = \frac{\text{無効電力}}{\text{皮相電力}} = \text{無効率}$$

無効電力も送電しなければならないのでムダな電力設備が必要となるが、力率を改善(1に近づける)すれば、ムダを省ける。力率1は無効電力0を表す。

V曲線特性

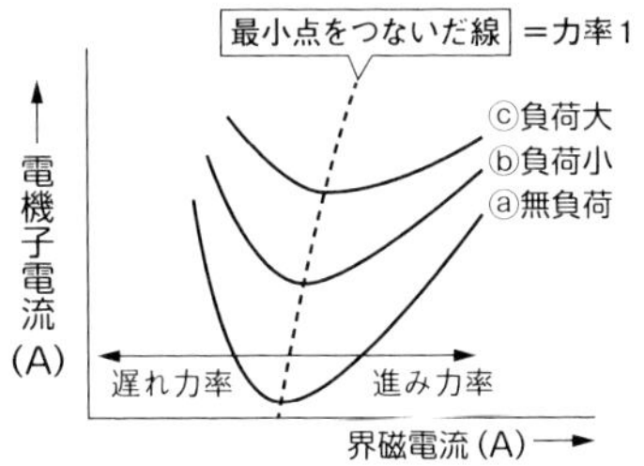

同期モータの界磁電流と電機子電流の関係を示す。無負荷状態ⓐからⓑ、ⓒと負荷が大きくなるにしたがってグラフは上方に移動し、偏平になる。ただし、どのグラフでも最小点は力率1のときであり、図の点線は力率1の点をつないだものになる。力率1の点線の右側は進み力率領域で、左側は遅れ力率領域になり、界磁電流を操作することで電機子作用を制御し、力率を調整することができる。

POINT
◎電機子磁束が界磁磁束に影響を与えることを電機子反作用という
◎同期モータの遅れ力率は増磁作用、進み力率は減磁作用になる
◎同期モータのV曲線は、界磁電流を調整して力率を制御できることを示す

6-6 誘導モータ(1) 構造と回転原理

誘導モータのことをなぜ「非同期モータ」というのですか？　また、誘導モータは同期モータと何が違い、どのようなしくみで回転するのでしょうか？

◩非同期モータの誘導モータ

ACモータには同期モータのほかに**誘導モータ**があります。どちらも固定子の回転磁界を利用して回転するモータですが、同期モータは回転磁界の速度に同期して回転子が回転するのに対して、誘導モータは回転磁界より少し遅い回転速度で、回転磁界に追い抜かれながら回転します。このように、回転磁界と同期しないモータを**非同期モータ**といい、誘導モータは非同期モータとも呼ばれます。また、「誘導」は英語でインダクション（induction）といいますので、誘導モータを**インダクションモータ**ともいいます。誘導モータの基本構造を上図に示しました。

◩誘導モータの回転原理

誘導モータは同期モータとは回転原理が異なり、同期速度で回転しません。誘導モータの回転はその名のとおり「電磁誘導」あるいは「誘導電流」に関係しています。誘導モータの回転原理は次のとおりです（下図）。

誘導モータの回転子の内部には銅やアルミなどの導体（導電体）が備えられており、その周囲を固定子の回転磁界が回転します。つまり、導体と磁界が相対運動するので、電磁誘導の法則によって、導体には磁界の変化を妨げる向きに誘導起電力が生じ、誘導電流が流れます〈➡p26〉。そして、その誘導電流は磁界からローレンツ力を受けるので、その力が導体を回転させます。

なお、一部の誘導モータの回転原理はアラゴの円板（渦電流）〈➡p24、48〉で説明することもできます。

ところで、誘導モータが回転を続けるにあたって非常に重要なことは、回転子は決して回転磁界の速度（同期速度）と同じ速度では回転できないという点です。もし、回転子が同期速度で回転すると、両者は相対的に静止していることになり、そのため電磁誘導は起こらず、誘導電流も流れず、したがってローレンツ力も生じないので、回転は止まってしまいます。

そういう理由で、誘導モータの回転子は回転磁界より少し遅い速度で回転し、両者の回転速度の差を**すべり速度**といいます。すべり速度については次項でくわしく説明します。

誘導モータの基本構造

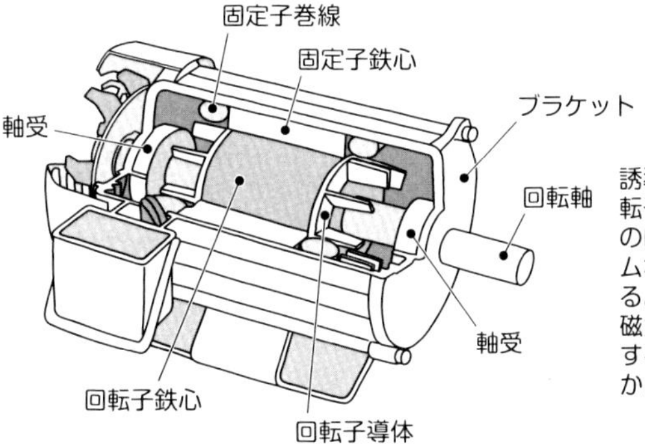

誘導モータは同期モータと違って回転子に永久磁石や電磁石を用いたものはなく、代わりに銅やアルミニウムなどからなる導体が備えられている。その導体に流れる誘導電流が電磁力(ローレンツ力)を受けて回転する。回転子は鉄心と導体からなり、かご形や巻線形などの種類がある。

誘導モータの回転原理

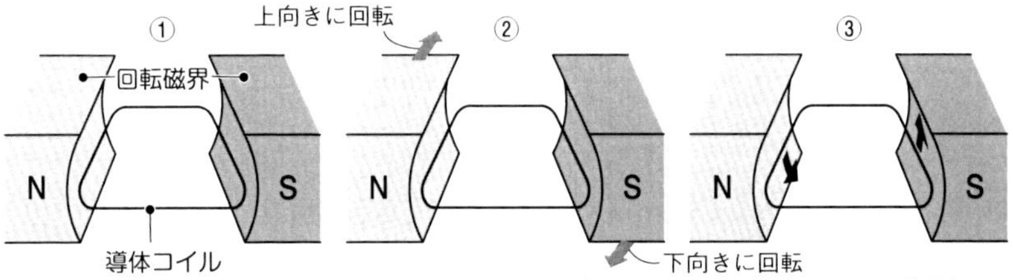

① 回転磁界(左右のNとS)と導体(コイルとする)が静止していると仮定する。

② 回転磁界のN極が上向きに、S極が下向きに回転を始める。

③ ②は静止している磁界中でコイルが運動していることと同じ。コイルの左側が下向きに、右側が上向きに回転を始めると見なせる。

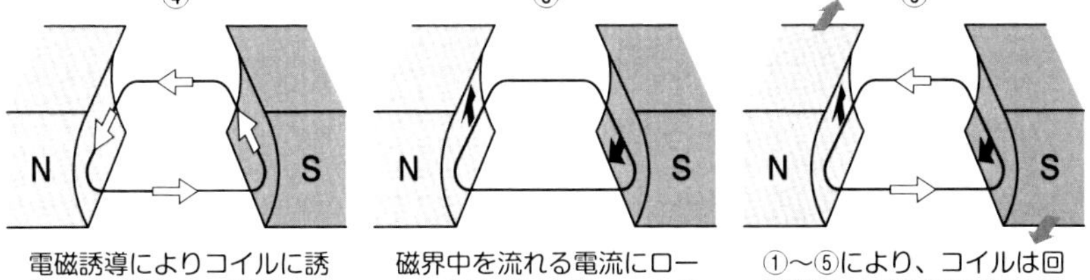

④ 電磁誘導によりコイルに誘導電流が流れる。誘導電流の向きはフレミングの右手の法則より、上から見て反時計回りになる。

⑤ 磁界中を流れる電流にローレンツ力がはたらく。力の向きはコイルの左側で上向きに、右側で下向きになる。

⑥ ①～⑤により、コイルは回転磁界と同じ向きに回転する。ただし回転速度はコイルのほうがやや遅くなる。

POINT
◎交流モータの誘導モータは非同期モータともいう
◎誘導モータは誘導電流が受けるローレンツ力で回転する
◎誘導モータは同期速度で回転せず、回転子の速度は同期速度よりやや遅い

6-7 誘導モータ(2) すべりとトルク特性

誘導モータは「すべり」によって回転すると聞きましたが、それはどういうことですか？　また、誘導モータはすべりの値がどの範囲にあるときに回転するのでしょうか？

◩すべりが誘導モータを回転させる

回転子の回転速度は回転磁界の速度（同期速度）より必ず遅く、その差をすべり速度といい、すべり速度の同期速度に対する比を**すべり**（**滑り**または**スリップ**）といいます（上図)。すべりのせいで回転子は回転磁界に追い抜かれながら回転し、そのために回転子導体に誘導起電力が生じて誘導電流が流れ、その電流が回転磁界からローレンツ力を受けて回転子が回転し続けます。つまり、すべりは誘導モータが回転するために必要不可欠なものです。

もっとも、「すべり」といっても回転子が空転しているわけではありません。すべりの理由は、モータを停止状態から始動し速度を上げるときを考えるとわかります。導体に誘導電流が流れて回転子が回り始めると、回転子は回転磁界を追いかけるように速度を増します。すると両者の相対速度はどんどん小さくなり、それに応じて誘導起電力も低下していきます。誘導起電力が下がれば回転子の回転が遅くなりますが、回転が止まる前のある時点で誘導起電力と回転速度が平衡に達し、回転が維持されるのです。実際の回転数とトルクの関係は下図のようになります。

◩トルク特性

下図は、電源電圧と電源周波数が一定の場合の、誘導モータのトルク・電流と回転速度の関係を示したものです。同期モータではV曲線特性〈➡p126〉が重要だったように、誘導モータではこのトルク特性曲線が非常に重要です。

まず、モータを始動（すべり＝1）させると、徐々に回転速度が上昇（すべりが下降）するとともに、トルクもすべりにほぼ反比例しながら増大していきます。そして、すべりがある量に達すると、トルクが最大になり、これを超えた負荷トルクがかかるとモータが停止するため、最大トルクを**停動トルク**ともいいます。

最大トルクを過ぎると、トルクはすべりにほぼ比例して低下していき、同期速度未満の範囲内でモータのトルクと負荷トルクが等しくなる安定動作状態になり、これが運転速度となります。

なお、電源電圧を小さくすると、トルクのグラフは下方にシフトし、形も偏平になります。また安定動作点がすべり1に近づき（＝回転速度が遅くなり）ます。

すべり速度とすべり

$$\text{すべり} = \frac{\text{同期速度} - \text{回転子の速度}}{\text{同期速度}}$$

（分子：すべり速度）

誘導モータの回転速度は同期速度より遅い → 0＜すべり＜1
誘導モータが無負荷で運転しているとき → すべり≒0（0にはならない）
誘導モータの起動時（停止しているとき） → すべり＝1
（誘導発電機として動作しているときは、すべり＜0。逆相ブレーキとして動作しているときは、すべり＞1）

※逆相ブレーキとは回転磁界の二相を入れ替えるなどして回転磁界を回転子と逆方向に回転させて制動する方法。
※すべりの数値は100倍して％で表すこともある。

誘導モータのトルク特性

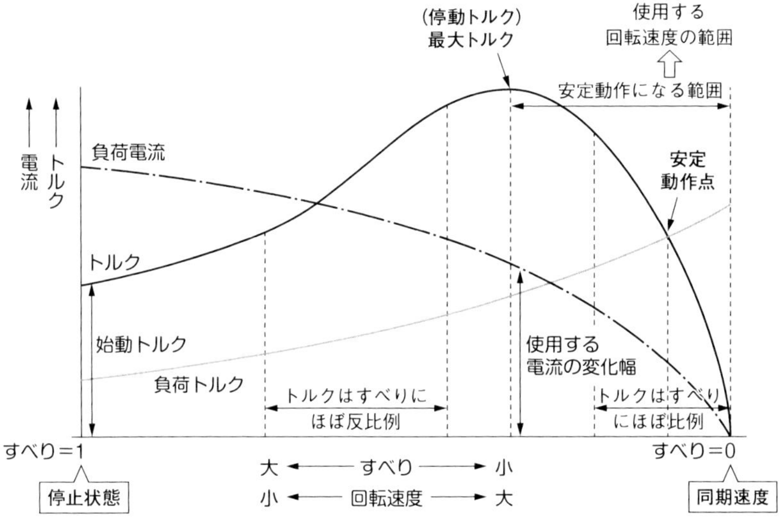

始動して最大トルクに達するまで、トルクはすべりにほぼ反比例して（すべりの目盛りが右へいくほど小さくなることに注意）増大し、最大トルクを過ぎると、トルクはすべりにほぼ比例して減少する。モータの運転回転速度はモータのトルクと負荷トルクが一致する安定動作点になるが、一般に、定格出力で運転しているときのすべりは小形誘導モータでおよそ0.07（7％）以下、大形誘導モータでおよそ0.03（3％）以下と非常に小さい。

POINT
◎回転磁界の速度（同期速度）と回転子の速度の差をすべり速度という
◎同期速度に対するすべり速度の比をすべりという
◎誘導モータの回転速度は0＜すべり＜1になる

6-8 三相誘導モータ(1) かご形と巻線形

三相誘導モータにはどのような種類があり、それらの違いはどこにあるのですか？　また、かご形回転子の導体棒が斜めになっているのはなぜでしょうか？

◪鳥かごのようなかご形回転子

誘導モータは電源の違いから三相誘導モータと単相誘導モータに分かれます。そして三相誘導モータはさらに、回転子の構造の違いから**かご形三相誘導モータ**と**巻線形三相誘導モータ**に分類できます。

かご形モータは、回転子の導体が銅やアルミニウム製の鳥かごのような形状をしており、導体棒（バー）に誘導電流が流れます（上図）。かごの中に納まっている円筒形の回転子鉄心の周囲には多数のスロット（溝）があり、そこにバーをはめ込んでから、バーの両端を**エンドリング**（**端絡環**(たんらくかん)または**短絡環**）で接合し短絡します。磁束の通り道である回転子鉄心は、渦電流損失等を防ぐために薄い電磁鋼板（ケイ素鋼など）の積層構造をしています。ただし、実際の回転子鉄心のスロットは下図のように斜めに刻まれていることがほとんどです。というのは、回転軸に平行だとスロット数が少ない場合、固定子の磁束が回転子の導体に作用しないことも多く、これを**漏れ磁束**といいます。漏れ磁束は回転ムラの原因になり、モータを始動できないこともあるので、その対策としてスロットを斜めに刻み（**スキュー**という）、導体を固定子に対して斜めに配置し、つねに磁束を受けやすくしているのです。

かご形は構造が非常に単純であるため、丈夫で安価です。また、ブラシやスリップリングを使う必要がないのでほぼメンテナスフリーであり、長寿命であるのが利点です。かご形三相誘導モータは産業現場で最も多く使用されているモータです。

◪巻線形回転子

巻線形三相誘導モータの回転子では、かご形と同じ回転子鉄心に、かごではなく絶縁を施した三相の型巻コイルが巻かれ（上図)、このコイルに誘導電流が流れます。誘導電流は外部に取り出して調整し、回転速度制御を行うことができ、外部回路との接点としてスリップリング〈➡p122〉が回転軸に取り付けられています。そのため、巻線形三相誘導モータは**スリップリング誘導モータ**とも呼ばれますが、消耗品であるスリップリング（とブラシ）を持つことが巻線形の短所といえます。

なお、巻線形三相誘導モータでは、固定子側を一次側（固定子巻線を一次巻線)、回転子側を二次側（回転子巻線を二次巻線）と呼んだりします。

かご形と巻線形の回転子の構造

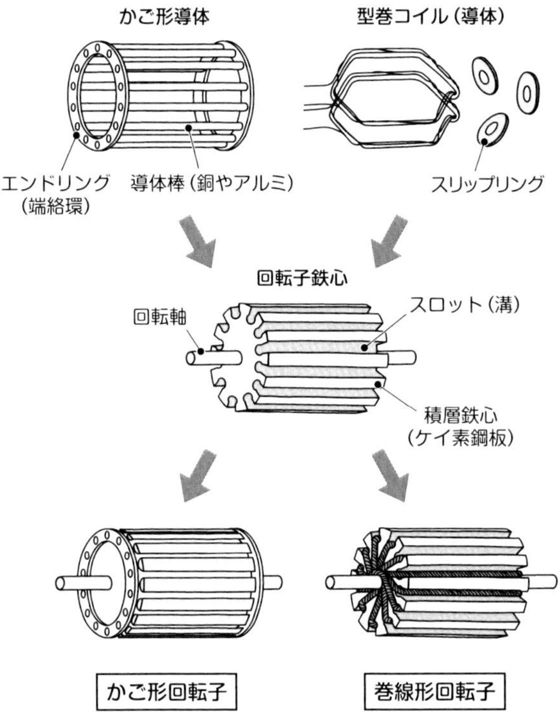

かご形の導体棒やエンドリングは銅やアルミニウムなどの導電体(導体)からなり、導体棒に誘導電流が生じ、エンドリングを通じて流れる。巻線形はかごの代わりに鉄心に型巻コイルが巻かれ、コイルに誘導電流が流れる。

回転子鉄心は電磁鋼板であるケイ素綱の薄板を重ねた積層構造をしており、渦電流損失やヒステリシス損失を低減している。表面に刻まれたスロットに導体棒や巻線を装着する。

構造が簡単なため丈夫で安価、メンテナンスもほぼ不要なかご形に比べ、巻線形は消耗品のスリップリングとブラシを持ち人気がない。しかし、回転子が閉回路であるかご形に比べ、外部の可変抵抗を用いてある程度の速度制御や放熱が可能な巻線形はクレーンやエレベータ、風力発電などの大容量用途に使用される。

スキュー回転子

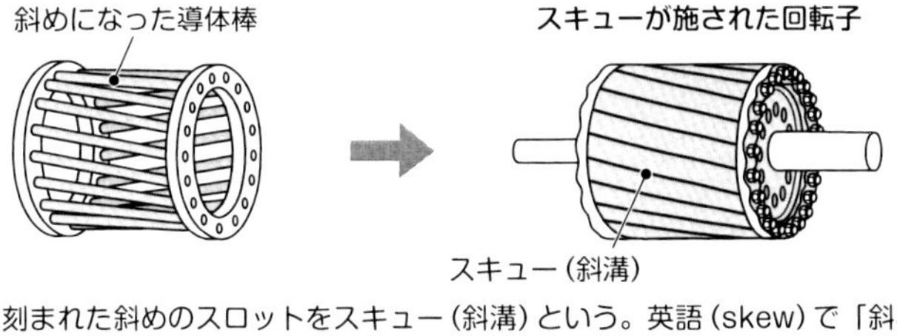

回転子に刻まれた斜めのスロットをスキュー(斜溝)という。英語(skew)で「斜め」という意味である。スロット数が少ないときなど、回転軸に平行なスロットでは漏れ磁束が顕著になり、異常回転や効率の低下の原因となる。それを防ぐために導体を固定子に対して斜めに配置する。一般に1～2スロット分をひねって製作される。スキューは誘導モータ以外のモータにも見られる構造である。

POINT

- ◎三相誘導モータにはかご形と巻線形がある
- ◎三相誘導モータは産業現場で最も普及しているが、ほとんどはかご形
- ◎回転子に斜めに刻まれたスキュー(溝)は多種のモータに採用されている

6-9 三相誘導モータ(2) 突入電流と巻線形の始動法

三相誘導モータは電源につなぐだけで回転すると思うのですが、なぜ特別な始動法が必要なのですか？　また、巻線形の誘導モータの始動法はかご形と比較してどのような特徴があるのですか？

◤始動時に流れる大きな突入電流

三相誘導モータを始動する方法はいくつもあります。しかし、三相誘導モータは同期モータとは異なり、始動トルク（すべりが1）がそこそこあるので、電源につなげばとくに助けがなくても自発的に回転し始めます。ではなぜ「始動法」があるのかというと、始動時に定格電流のおよそ5～10倍という非常に大きな始動電流（**突入電流**という）が短時間流れるからです（上図）。

突入電流が生じる理由の1つは逆起電力が生じないためです。固定子コイル（一次側）に始動電流が流れ始めたとき、回転子（二次側）はまだ回転していない（すべりが1）ので、一次側に逆起電力が発生せず、電源から大電流がモータに流れ込むのです（回転するとすぐに逆起電力が生じる）。また、回路にコンデンサを装入している場合は、コンデンサの充電が終わるまで大きな突入電流が流れます。

突入電流は大幅な電圧降下を生じさせたり、巻線を焼損したりする恐れがあり、場合によっては過剰な発熱で接続機器の不具合の原因ともなります。つまり、三相誘導モータにおける始動法とは、同期モータのように回転を開始させるための方策ではなく、始動トルクを確保しつつ、突入電流を小さくするための方式なのです。

◤巻線形誘導モータの二次抵抗始動法

誘導モータを始動するとき、通常かご形と巻線形とで異なる方式をとります。というのも、かご形は導体のかごが閉鎖回路であるのに対して、巻線形は二次側の巻線を引き出して外部抵抗を接続し、誘導電流（二次電流）を調整できるからです。

中図は、巻線形の二次巻線（回転子巻線）にスリップリングとブラシを介して**始動抵抗器**（三相可変抵抗器）を直列に接続したときの回路図です。モータを始動するとき始動抵抗器を最大抵抗にし、回転速度が上昇するのに応じてハンドルを回して抵抗を小さくし、最後は抵抗を0にして二次巻線を短絡させて定常運転します。このように、二次抵抗を調整して始動する方法を**二次抵抗始動法**といいます。二次抵抗始動法では**比例推移**という巻線形誘導モータの特性を利用して、始動トルクを大きくし、始動電流を定格電流に近い値に抑えて始動することができます。比例推移については、下図に簡単にまとめました。

突入電流の波形

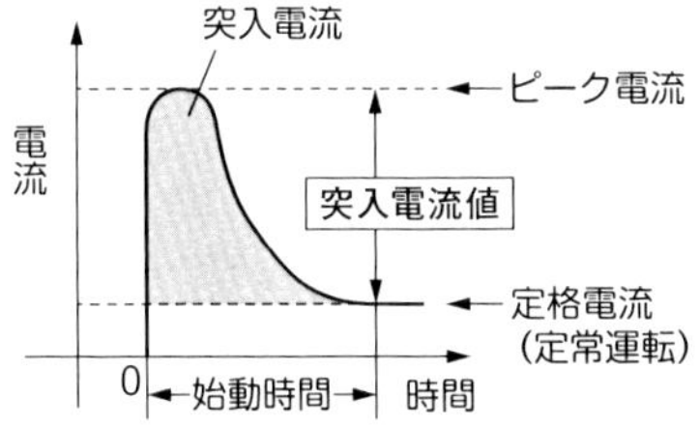

始動時に突入電流が流れると二次側に誘導電流が生じ、回転子の回転速度が上昇する。それに応じて一次側に発生する逆起電力が増大し、突入電流は小さくなっていく。突入電流の影響度合いは図のグレー部分の面積に関係し、ピーク電流が大きく始動時間が長いほど、モータの損傷や接続機器の故障につながる可能性が高くなる。

巻線形の二次抵抗始動法

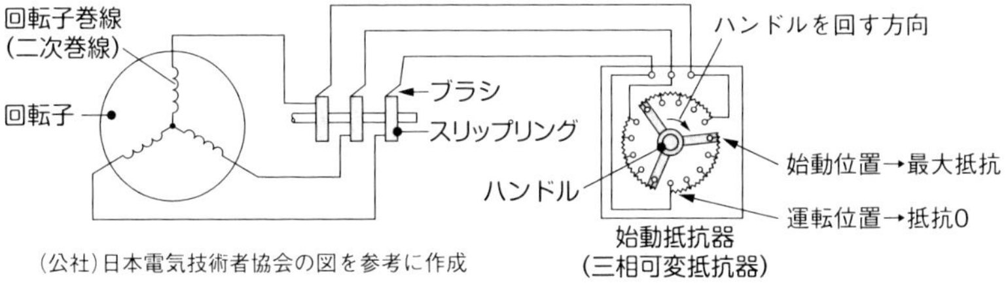

（公社）日本電気技術者協会の図を参考に作成

巻線形誘導モータでは、二次側に始動抵抗器などの可変抵抗を装入することで、二次電流を調整することができ、比例推移を利用してトルクのみならず、一次電流や力率なども制御できる。この二次抵抗始動法は高い始動トルクや良好な力率、低始動電流をかなえるすぐれた始動方式だが、二次抵抗を増やすので銅損がその分増え、効率は悪くなる。

トルクと電流の比例推移

二次巻線抵抗＋始動抵抗器の抵抗

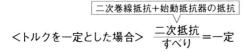

<トルクを一定とした場合>　$\dfrac{\text{二次抵抗}}{\text{すべり}} = \text{一定}$

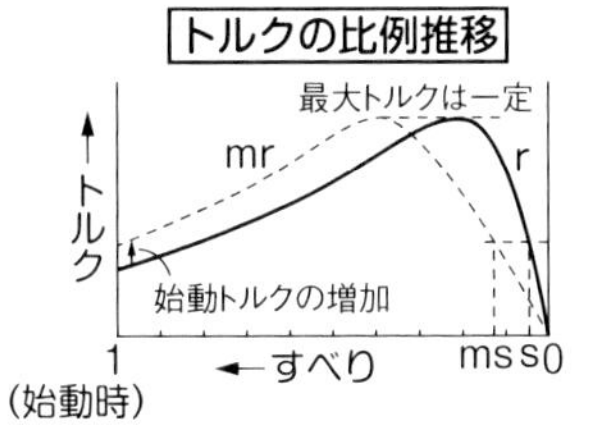

トルクを一定とした場合、二次抵抗r（二次巻線抵抗＋始動抵抗器の抵抗）とすべりsの比は一定なので、二次抵抗をm倍（mr）にすると、同じ大きさのトルクを発生するすべりもm倍（ms）になる。これを比例推移といい、巻線形三相誘導モータの特性の1つ。比例推移によって、始動トルクは大きくなる。同様に、比例推移によって始動電力は小さくなる。

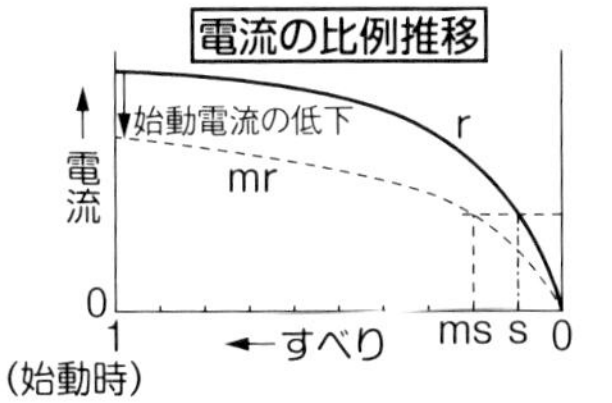

POINT

◎三相誘導モータを始動するとき突入電流が流れる
◎突入電流を小さく、トルクを大きくするために巻線形では二次抵抗始動法をとる
◎二次抵抗始動法は三相誘導モータの特性である比例推移を利用する

6-10 三相誘導モータ(3) かご形の始動法と特殊かご形

二次側に抵抗を付加できないかご形モータでは、どのような始動法を用いるのですか？ また、特殊かご形誘導モータというのは、どんなモータで、どのようなしくみで始動電流を抑えるのでしょうか？

◩かご形誘導モータの始動法

巻線形と違って、かご形誘導モータは構造上二次側に抵抗を装入できないので、通常、始動電流の制御は一次側だけで行います。始動電流は端子電圧に比例しますが、始動トルクも端子電圧の2乗に比例するので、端子電圧を下げれば電流とともにトルクも下がってしまいます。したがって、両者の値をどの程度にするかをモータの用途などから判断し、始動方法を選択する必要があります。これまで考案され実用化されてきたさまざまな始動法のうち主要なものを4つ紹介します（上図）。なお、②～④は電圧を下げて始動するので総じて**減電圧始動法**といいます。

①**全電圧始動法（直入（じかいれ）始動、ラインスタート）**：特別な工夫もなく、モータ端子に直接定格電圧を印加する最も簡易な始動法。突入電流が流れても、定格出力がおよそ5kW以下の小容量モータではさほど大きくないので用いられている。

②**スターデルタ始動法**：固定子コイルの結線方式〈➡p106〉を切り替える方法。**Y−Δ始動**などさまざまに呼ばれる。始動時はスター結線、定格速度に達したらデルタ結線にする。定格出力が5～15kW程度の中容量モータに用いられる。

③**始動補償器法（コンドルファ始動法）**：三相単巻変圧器を始動補償器として電源とモータの間に装入し、始動時の端子電圧を下げてモータに印加する方法。回転速度が定格速度に近づいたら、全電圧をモータに供給する。定格出力がおよそ15kW以上の大容量モータで用いる。

④**リアクトル始動法**：リアクトルとはリアクタンス（交流の抵抗成分）の発生を目的としたコイルのこと。電源とモータの間にリアクトルを装入し、そのインピーダンス（抵抗）で始動電流を低減する方式で、加速後はリアクトルを切り離す。

◩特殊なかごを持つ特殊かご形誘導モータ

二次側（回転子側）に抵抗を付加することができないので、回転子鉄心のスロット（溝）とかご形導体の形状と構造を変えて始動電流を減らし、始動トルクが大きくなるように工夫したかご形モータを**特殊かご形誘導モータ**といい、主な種類に**二重かご形**と**深溝かご形**があります。深溝かご形はスロットを深くし、二重かご形はスロットを二段にして、かごをそれに合わせた形状にします（下図）。

かご形誘導モータの始動法

①全電圧始動法

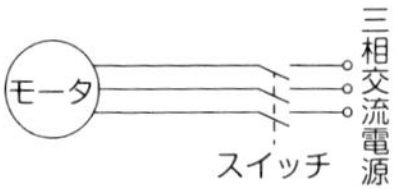

特別な減電圧施策をとらない最も簡便な始動方法。突入電流は定格電流の5〜10倍、始動トルクは定格トルクの1〜2倍。モータや接続機器を保護するために導線を太くするなどのムダなコストが生じるが、それでもいちばん安く済む。

②スターデルタ始動法

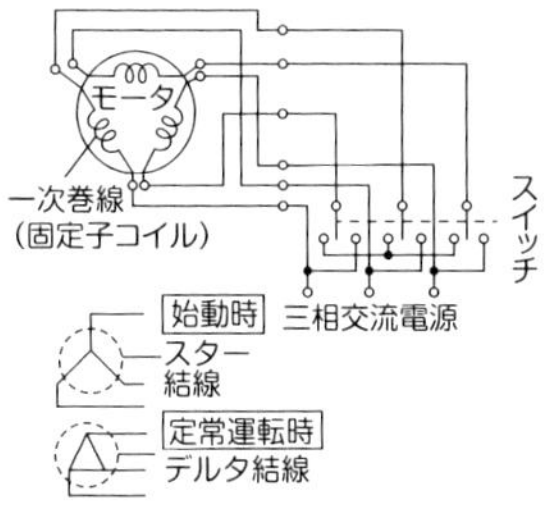

スター結線で始動すると、デルタ結線で始動（全電圧始動）するより電圧は$1/\sqrt{3}$倍、電流も$1/\sqrt{3}$に下がるが、トルクも1/3に下がるのが欠点。定格速度に近づいてデルタ結線に切り替えると、上記の逆数倍になる。ただし、切り替える瞬間に突入電流が短時間流れる。

③始動補償器法

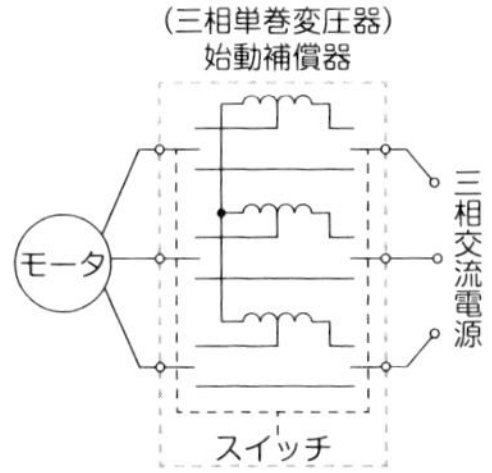

変圧器の機能を使って、始動時は定格電圧より低い電圧に減電圧して始動電流を抑え、回転速度が定格速度に近づいたらスイッチを切り替えて始動補償器をはずし全電圧にする。

④リアクトル始動法

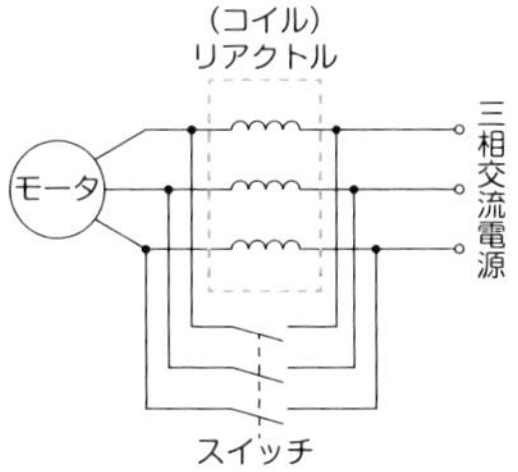

始動電流を全電圧始動の1/aに下げた場合、始動トルクは全電圧始動の$1/a^2$になり、始動トルクの減少幅のほうが始動電流より多くなるのが欠点。③の始動補償器法より入力電力が大きいが、安価で始動も良好なので使用されている。

特殊かご形誘導モータ

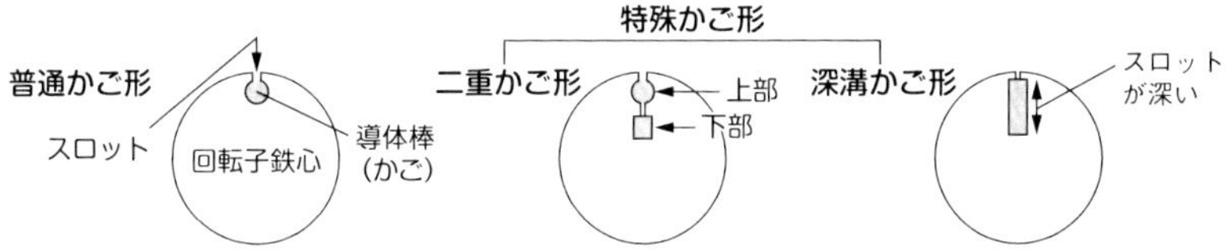

始動時（すべり1）、二次電流（誘導電流）は周波数が高いので導体表面（上部）に偏って流れる（表皮効果）。そのため導体の抵抗が増え、比例推移により始動トルクが増加し始動電流が低減される。これは特殊かご形に共通するが、二重かご形では下部の導体に銅、上部に銅より抵抗が大きい黄銅などを使用して効果を高める。回転速度が上がると電流分布が一様になり、導体抵抗が小さくなって普通かご形と同じになる。

POINT

◎かご形誘導モータを始動する主な方式には、全電圧始動法、スターデルタ始動法、始動補償器法、リアクトル始動法がある

◎特殊かご形誘導モータはスロットとかごの形状・構造で始動電流を制御する

6-11 単相誘導モータ(1) 交番磁界と回転原理

単相交流電源でもモータが回転するのはなぜですか？　また、単相交流で静止しているモータは始動しますか？　始動しないなら、どのような方法で始動させることができるのでしょうか？

◩単相交流がつくる交番磁界

単相誘導モータでは、単相交流電源から1系統の正弦波電流が流れるだけなので、三相交流のように回転磁界を発生させることはできません。ではどのような磁界をつくるかというと、コイルに上図のような単相交流を流すと、磁束の大きさが変化しながら磁束の向きが上下に反転を繰り返す**交番磁界**が発生します。「交番」とは交代で番に当たることを意味します。

単相交流では静止しているモータを始動することはできません。しかし、回転磁界でなくても、交番磁界中に回転子導体を置いて手でちょっと回してやると、回転子は回転を始め、停止することなく回り続けます。その理由は、交番磁界を回転子導体が切ることによって誘導電流が発生し、その誘導電流によって発生する磁界が交番磁界と吸引・反発するからです。これはフラフープを回すのに始め手を使って回したあとは、腰を前後に動かすだけで回り続けるのと同じ原理といえます。

◩単相を二相に変えて運転

いったん回転を始めたら単相交流でも回転を続けられるので、単相誘導モータの運転に際しては、回転のきっかけを与える始動方法がポイントになります。

一般に単相誘導モータでは、固定子に直交する2組のコイルを備え、1組は主巻線、もう1つは始動用の補助巻線としています。そして、補助巻線にはコンデンサもしくはコイルを接続します（中図）。こうした回路をつくり電源を入れると、主巻線と補助巻線にそれぞれ位相が90°ずれた交流電流が流れます（下図）。つまり、二相交流電源ではなく、単相交流電源を使用しながら擬似的に二相の電流を流すわけです。このとき補助巻線に流れる電流の位相は、コンデンサを接続すると90°の進み位相になり、コイルを接続すると90°の遅れ位相になります。

疑似二相交流では、中図・右のように、2組のコイルを90°の角度で配置すれば2つの交番磁界が発生し、主巻線による磁界は垂直に振動し、補助巻線による磁界は水平に振動するため、合成磁界は回転磁界になり（下図）、回転子を始動できます。そして、回転速度がある程度上昇したら単相交流で回転を続けられるので、補助巻線への通電を停止します。

単相交流による交番磁界

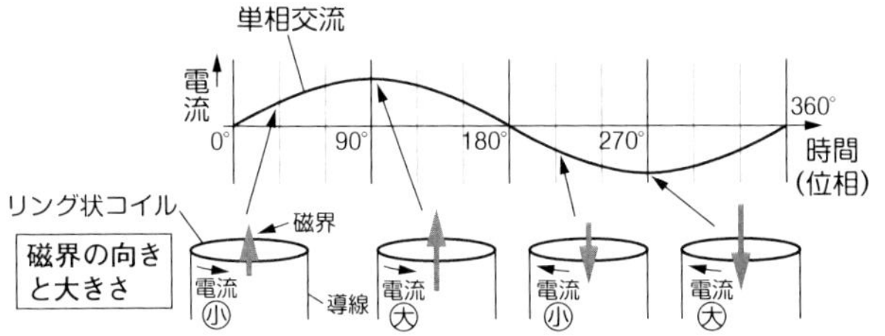

交番磁界とは時間とともに大きさと向きが変化を繰り返す磁界のこと。リング状コイルに単相交流電流を流すと、それに応じて上下に振動するだけの交番磁界が生じる。

単相誘導モータの回路と固定子巻線の配置

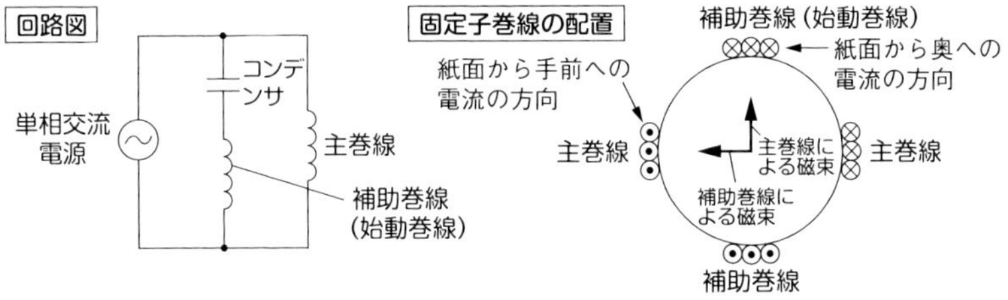

【左】単相交流電源に主巻線と補助巻線を並列に接続し、補助巻線側にコンデンサを装入すると、位相が90°進んだ電流が流れ、結果的に回路には二相の電流が流れる。
【右】図のように主巻線と固定子巻線を90°の角度で配置して電流を流すと、主巻線がつくる磁界の向きは、右ねじの法則により垂直上向きになり、補助巻線（始動巻線）がつくる磁界の向きは水平左向きになる。交流電流の向きが逆になったときは磁界の向きもそれぞれ逆になる（下図）。

二相交流による回転磁界

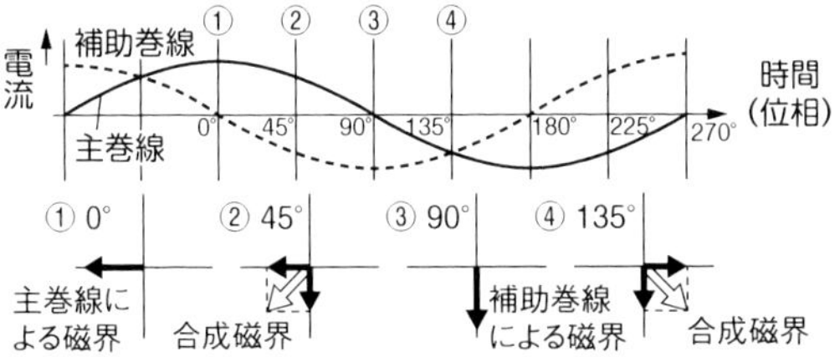

単相交流でも、中図・右のように、直交する主巻線と補助巻線に90°位相のずれた二相の交流電流を流すことによって、合成磁界が大きさを変えながら回転する回転磁界をつくることができ、モータを始動できるようになる。

POINT
- ◎単相交流を水平なコイルに流すと、垂直に振動する交番磁界が生じる
- ◎単相交流ではモータは自己始動しないが、手で回してやると回転し始める
- ◎単相交流を位相のずれた二相に分けると、回転磁界が生じ始動する

6-12 単相誘導モータ(2) 構造の特徴、種類①分相始動形

単相誘導モータにはどのような種類があり、それらに共通する構造上の特徴は何なのでしょうか？　また、分相始動形単相誘導モータはどのようにして二相交流をつくるのですか？

◩単相誘導モータの構造の特徴

単相誘導モータの基本構造は三相誘導モータとほぼ同じで、かご形回転子もよく使われます。両者の構造で異なるのは、三相モータでは突入電流を抑えて始動する工夫があり、単相モータでは単相を二相に変えて始動する工夫があることです。

単相誘導モータでは、単相から二相交流をつくるための補助コイルやコンデンサを備えています。そして、始動後に回転速度が上昇すると不要になる補助コイルやコンデンサを自動的に回路から切り離す開閉器（スイッチ）も内蔵しています。

一般にスイッチには、回転子にはたらく遠心力を開閉に利用した**遠心力スイッチ**（**ガバナースイッチ**ともいう）が使用されています。さまざまなタイプがありますが、どれも回転が上昇すると回転子または回転軸にはたらく遠心力が増大することを利用して、スイッチの開閉を行います（上図）。

単相誘導モータは始動法の違いによって、主として分相始動形、コンデンサモータ〈➡p142〉、くま取りコイル形および反発始動形〈➡p144〉の4種類に大別されます。これらを順に紹介します。

◩単相誘導モータの種類：分相始動形

単相交流を二相に分けるところから**分相始動形単相誘導モータ**と呼ばれています。2極機では、モータの運転に使用する主巻線に加え、始動のための補助巻線（始動巻線）を互いに直角に配置し、並列に接続します（中図）。モータの始動時にはこれらの2つの巻線にそれぞれほぼ90°位相のずれた交流電流が流れて回転磁界をつくり、モータを始動します。そして、回転速度が同期速度のおよそ75%に達すると、遠心力スイッチによって自動的に補助巻線が切り離されて、以後は主巻線だけで運転されます。なお通常、回転子にはかご形を使用します。

ところで、主巻線も補助巻線もコイルなので電圧に対して遅れ位相になり、主巻線と補助巻線の電流間に位相差は生じないはずです。それがなぜ二相になるのかというと、補助巻線は細い導線を使用して抵抗を大きくし、巻数を減らしてリアクタンスを小さくしており、補助巻線の電流の遅れ幅は小さくなります。その結果、主巻線の電流は補助巻線に対しても遅れるため二相交流になります（下図）。

単相誘導モータ(コンデンサ始動形)の構造

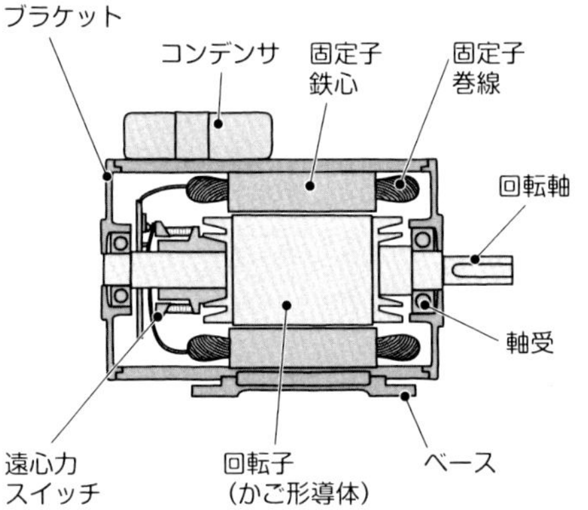

単相誘導モータでは外側にコイルを巻いた固定子を置き、内側にかご形回転子を使用することが多い。図はコンデンサ始動形の例で、回転速度が上昇すると始動用コンデンサは必要なくなるので、図の遠心力スイッチが右側にスライドして接点が開き、接続が切れるようになっている。

分相始動形単相誘導モータの回路

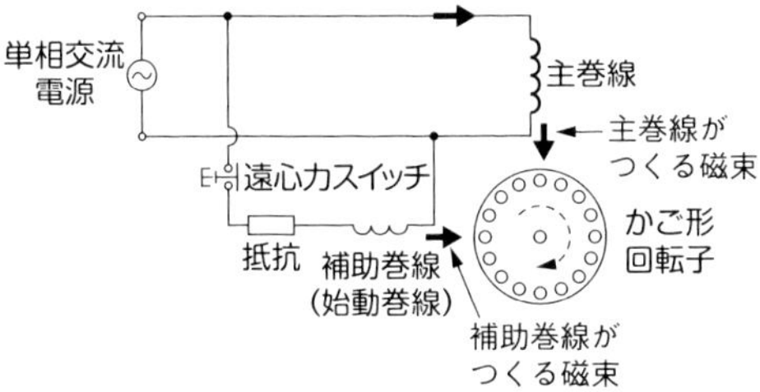

固定子において主巻線に対して直角の位置に補助巻線（始動巻線）を設け、電源に対して両者を並列に接続する。これに下図のような二相の電流が流れると、回転磁界が発生してトルクが生じ、回転子が始動する。回転速度が上昇するともはや必要のない補助コイルが切り離されて、主巻線を流れる単相交流のみでモータは回転を続ける。

二相交流の位相

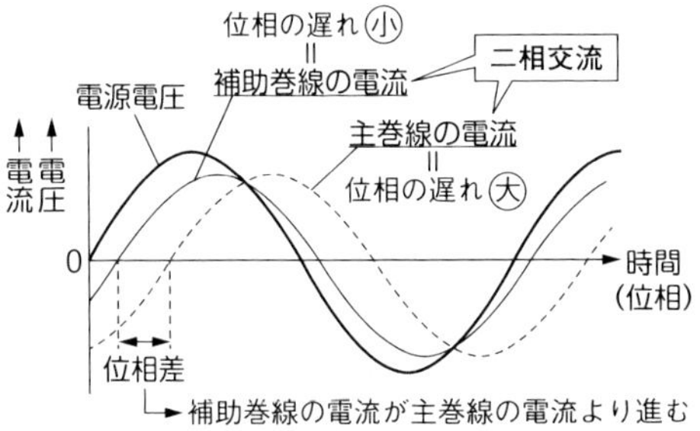

補助巻線は主巻線に比べて細くて巻数が少ないため、補助巻線に流れる電流の電圧に対する遅れ幅は主巻線の電流より小さくなる。その結果補助巻線と主巻線の電流どうしを比べると、補助巻線電流が進み位相、主巻線電流が遅れ位相になり、この二相電流によって回転磁界が発生する。なお、両者の電流の位相差が小さいので、始動電流は比較的大きくなる。

POINT

◎単相誘導モータの始動法は回転磁界をつくる方式で分類される
◎単相誘導モータは補助巻線またはコンデンサと遠心力スイッチを使用する
◎分相始動形は主巻線と補助巻線に二相交流電流を流して回転磁界をつくる

6-13

単相誘導モータ(3) 種類②コンデンサモータ

単相誘導モータにコンデンサを使用するのはなぜですか？　また、コンデンサモータにはどのような種類があり、それぞれのモータにはどのような特徴の違いがあるのでしょうか？

◩3種類のコンデンサモータ

電気を蓄え放出する電子部品であるコンデンサを単相誘導モータで使用するときは、コンデンサによって補助巻線の電流を90°進み位相にして二相交流をつくり、回転磁界を発生させることを主目的とします。それに加えて、コンデンサには力率〈➡p126〉を改善する効果もあります。コンデンサを使用した単相誘導モータ（**コンデンサモータ**）には、①コンデンサ始動形、②コンデンサ運転形、③コンデンサ始動コンデンサ運転形などがあります。

①**コンデンサ始動形**：分相始動形〈➡p140〉の抵抗をコンデンサに替えたモータを**コンデンサ始動形単相誘導モータ**という（上図）。補助巻線（始動巻線）は基本的に主巻線と同じで、**始動用コンデンサ**（モータ始動専門のコンデンサ）で分相する。すなわち、補助巻線の電流を進み位相にし、二相交流の回転磁界をつくってモータを始動する。そして、回転速度が同期速度の75%くらいになると遠心力スイッチが補助巻線を切り離し、単相交流で運転する。

②**コンデンサ運転形（コンデンサラン形）**：始動に利用した補助巻線と**進相コンデンサ**を、始動後も連続して使うモータを**コンデンサ運転形単相誘導モータ**という（中図・左）。コンデンサ始動形とは異なり、二相交流で回転を続けるので、遠心力スイッチはない。進相とは「位相を進める」の意で、進相コンデンサは定格負荷で最適な運転ができるよう設定されている。

③**コンデンサ始動コンデンサ運転形（コンデンサ始動コンデンサラン形）**：名前のとおり、コンデンサ始動形とコンデンサ運転形の両方の機能を持ったものを**コンデンサ始動コンデンサ運転形単相誘導モータ**という（下図）。**運転用コンデンサ**と始動用コンデンサが並列に接続され、始動後は始動用コンデンサが切り離される。始動トルクが大きく、運転中の力率もよいという特性がある。

なお、②のコンデンサ運転形の一種に**レバーシブルモータ（リバーシブルモータ）**があり（中図・右）、正回転と逆回転を繰り返すことができます。固定子巻線に主巻線と補助巻線の区別はなく、切替スイッチで進相コンデンサにつないだほうが進み位相となります。瞬時に正逆転させるために内部にブレーキも備えています。

コンデンサ始動形の回路

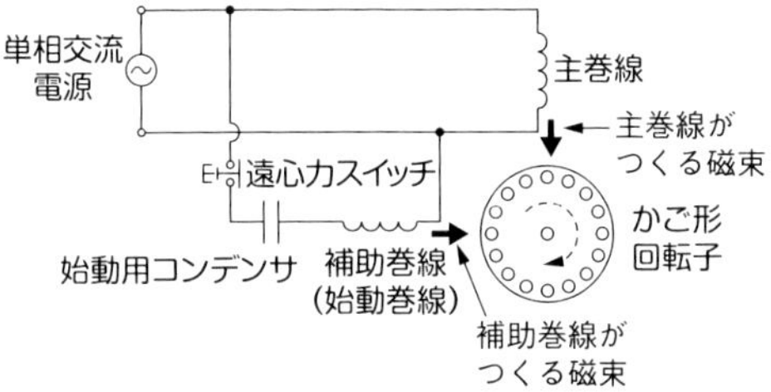

分相始動形の一種。高抵抗・低リアクタンスの補助巻線を使用せず、始動用コンデンサを補助巻線に直列に接続して電流を進み位相にし、二相に分相する。回転速度上昇後は補助巻線を切り離し、主巻線の単相交流で駆動する。ポンプやコンプレッサ、コンベヤなどに使用されている。

コンデンサ運転形とレバーシブルモータの回路

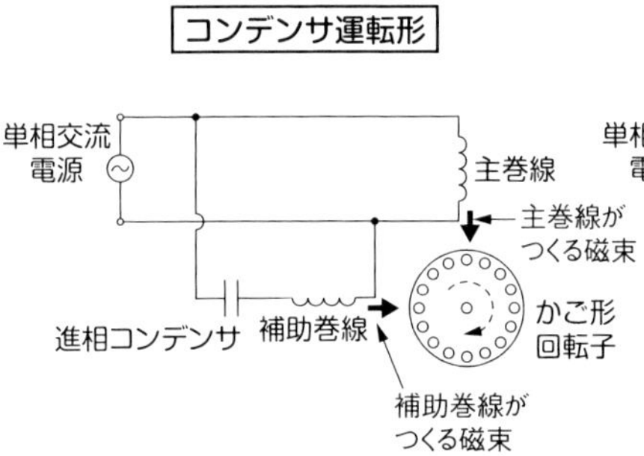

遠心力スイッチがなく、始動後も連続して進相コンデンサを使用して二相交流で回転磁界をつくり駆動する。コンデンサを接続したまま運転するため力率が非常によくなる。ファンや洗濯機、小形工作機械などに使用される。

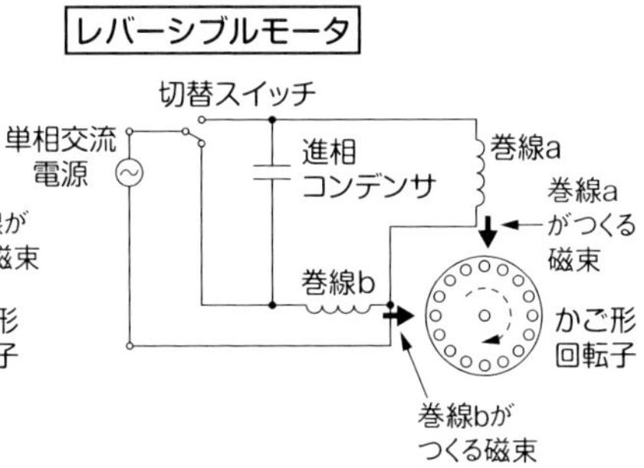

2つの固定子巻線に主・補助の区別がなく、切替スイッチでコンデンサの接続を切り替えることができる。この機構に加えて、内蔵している摩擦ブレーキを使用し瞬時の正逆転運転を可能にしている。

コンデンサ始動コンデンサ運転形の回路

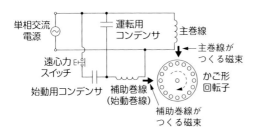

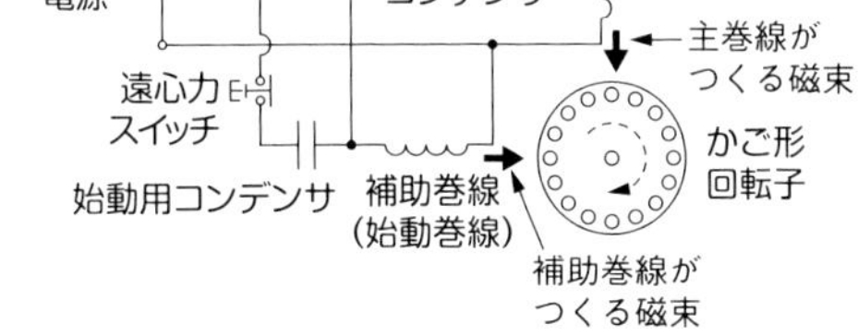

並列に接続された始動用コンデンサと運転用コンデンサを補助巻線に直列につなぎ、始動時には2つのコンデンサを使用して小さな電流で大きなトルクを発生させる。始動後は運転用コンデンサのみで運転する。容量の異なる2つのコンデンサ(始動用>運転用)を使用するため二値形コンデンサモータともいい、ポンプやコンプレッサ、コンベヤなどに使用されている。

POINT

◎コンデンサモータには、コンデンサ始動形、コンデンサ運転形、コンデンサ始動コンデンサ運転形がある
◎レバーシブルモータはコンデンサ運転形の一種で、正逆回転ができる

6-14

単相誘導モータ(4) 種類③くま取りコイル形、反発始動形

くま取りコイルの「くま取り」の意味や、どんな形をしていて、何をするためのコイルなのかを教えてください。また、反発始動形は何に「反発」して始動するのでしょうか？

◪くま取りコイル形の原理

コンデンサを使わず、くま取りコイルで二相の回転磁界をつくる方式をとるのが**くま取りコイル形単相誘導モータ**（**くま取りコイルモータ**）です。くま取りコイル形の特徴は、ほかの単相誘導モータとは異なり、単相交流を分相して二相交流をつくるのではなく、誘導電流を発生させて二相の回転磁界をつくるところにあります。その誘導電流が発生する場所がくま取りコイルです。

くま取りとは「隈取り（くまどり）」と書き、隈は「目の下にくまができる」のくまのことで、「陰影や濃淡でぼかすこと」を意味します。くま取りコイルは固定子の突極に刻まれた溝に巻かれた、コイルというより一巻きの太い指輪のような銅または黄銅製の導体で、どこにも接続されていないただの輪っかです（上図）。

主巻線に電流が流れると磁束（主磁束）が発生し、その一部はくま取りコイルの中を通過するので、くま取りコイルに誘導電流が流れて主磁束を打ち消す磁束（以下、くま取り磁束と表記）が発生します。くま取り磁束の向きは、主磁束が増加するときは主磁束と逆向きで、主磁束が減少するときは主磁束と同じ向きになるので、結果的にくま取りコイルの磁束は主磁束に遅れて発生します。よって、主磁束とくま取り磁束の合成磁束で回転磁界を形成し、回転子を回転させます（中図）。

このように、主磁束を「ぼかす」「弱める」のでくま取りコイルと名付けられたようで、英語ではシェーディングコイル（shading coil）といいます。

◪反発始動形の原理

ブラシと整流子および電機子巻線（整流子巻線）を持ち、固定子に主巻線と補助巻線（もしくは主巻線のみ）を備えて、単相交流電源で駆動するモータを**反発始動形単相誘導モータ**といいます。いうなれば、直流直巻モータ〈➡p90〉とかご形誘導モータ〈➡p132〉を組み合わせたような構造のモータです（下図）。

始動電流が小さく、始動トルクが非常に大きいのが長所で、かつては各種ポンプや農業機械などの大トルクを必要とする機器に重宝されていました。しかし、消耗品であるブラシのメンテナンスが必要な上、モータの構造が複雑で価格も高いため近年はあまり使われなくなりました。

くま取りコイルモータのしくみ

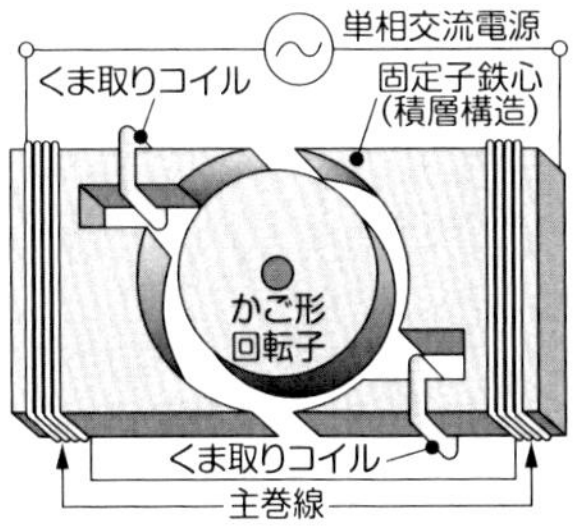

主磁極に対して磁気軸をずらした位置にくま取りコイルを設置する。くま取りコイルは外部に接続されていない孤立したリングだが、コイルの中の磁界が変化するとその変化を妨げる向きに誘導電流が流れる（レンツの法則➡p26）。くま取り形は始動トルクが小さく効率も悪いが、構造が簡単で壊れにくく、価格も安いので、扇風機や換気扇などの家庭用小形電気機器でのみ使用されている。

くま取りコイルモータの回転原理（固定子の右側部分のみ表示）

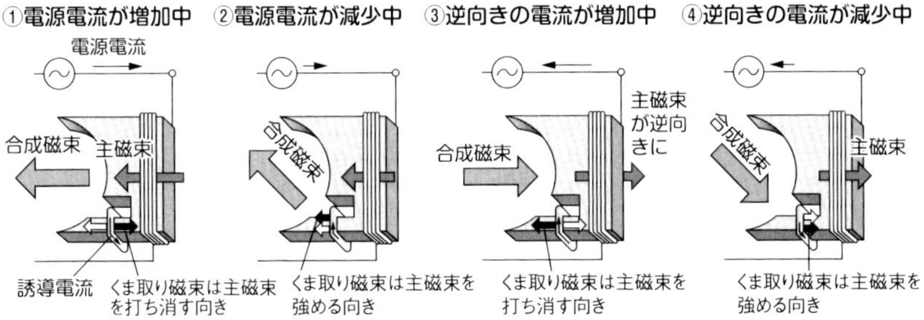

①〜④の合成磁束は回転磁界になるので、回転子が回転する。

反発始動形の回路

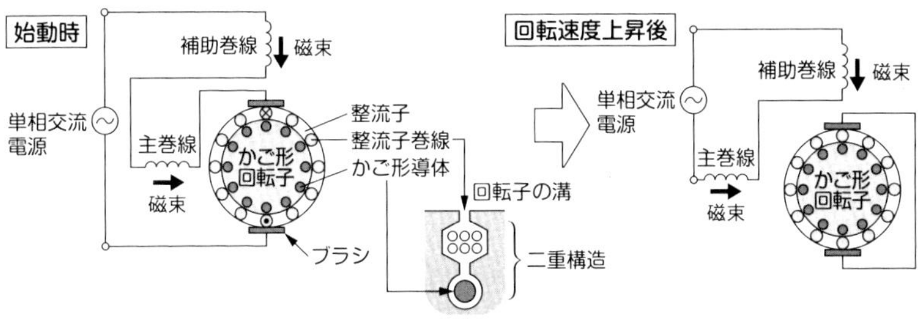

始動時は単相直巻交流整流子モータ〈➡p146〉として、固定子巻線の磁界と整流子巻線の磁界が反発する力を回転トルクとする。回転速度が同期速度のおよそ75%に上昇したら、整流子を短絡してかご形誘導モータとして運転する。回転子はかご形だが、短絡した整流子巻線も誘導電流が流れる導体として利用する。

POINT
- ◎くま取りコイル形は交流を二相に分相せず、誘導電流で回転磁界をつくる
- ◎反発始動形は固定子巻線と整流子巻線の磁束どうしの反発力で始動する
- ◎くま取りコイル形は広く使用されているが、反発始動形は廃（すた）れている

6-15 交流整流子モータ

直流電源でも交流電源でも駆動できるモータの名称は何というのですか？　また、なぜそのようなことができるのでしょうか？　それは電気機器に使用されていますか？

◩交流整流子モータの種類

交流整流子モータは、名前のとおり、交流で駆動する整流子付きのモータです。整流子といえば、ブラシとセットでDC（直流）モータの回転子巻線に流れる電流の向きを切り替える部品ですが、AC（交流）モータでありながら直流機と同じ機構を持っているのが交流整流子モータです。

交流整流子モータには単相交流で駆動するものと三相交流で駆動するものがあり、またそれぞれに分巻形と直巻形があります（上図）。分巻形は固定子巻線と回転子巻線を並列に接続した機種〈➡ p88〉で、直巻形は直列に接続した機種〈➡ p90〉です。また分巻形は一次巻線を固定子側に設けるタイプ（**固定子給電形**）と、回転子側に設けるタイプ（**回転子給電形、シュラーゲモータ**）に分かれます。なお「シュラーゲ」は回転子給電形の発案者であるスウェーデン人技師の名前です。

◩直流でも交流でも回転するユニバーサルモータ

数ある交流整流子モータの中で、現在も広く使用されているのが**単相直巻整流子モータ**です。ふつう「交流整流子モータ」といえばこれを指します。

実は単相直巻整流子モータはDCモータの「巻線界磁形」の項で紹介した直流直巻モータ〈➡ p90〉と同じ構造を持っています。回転子と固定子に電磁石を使い、回転子巻線に通電する接点に整流子とブラシを装着しています。固定子巻線がつくる界磁磁束と回転子巻線を流れる電流との電磁作用で回転トルクが生じます。その際、両巻線が直列に接続されているため、電源電流の向きが変わっても界磁磁束と回転子電流の向きがともに逆になるので、回転方向はつねに一定です（下図）。このように単相直巻整流子モータは交流でも直流でも駆動できるため**ユニバーサルモータ**（**交直両用モータ**）と呼ばれています。ただし、交流で使用することがほとんどなので交流整流子モータと呼称されます。なお交流で駆動する場合は渦電流損失を防ぐために、固定子と回転子の鉄心を積層構造にする必要があります。

交流整流子モータは始動トルクが大きく高速回転が得意なので、家庭用掃除機やジューサー・ミキサー、電動工具などに使用されています。その反面ブラシ・整流子があるために摩擦音や電気ノイズが大きく、寿命が短いという欠点があります。

交流整流子モータの分類

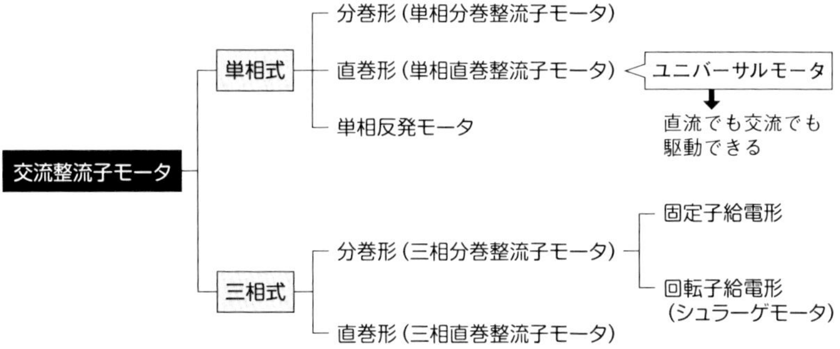

三相式より単相式、分巻形より直巻形のほうが使用されており、交流整流子モータといえばほぼ単相直巻整流子モータである。単相直巻整流子モータは交流でも直流でも駆動できるユニバーサルモータだが、交流で駆動することがほとんどである。

単相直巻整流子モータの回転原理

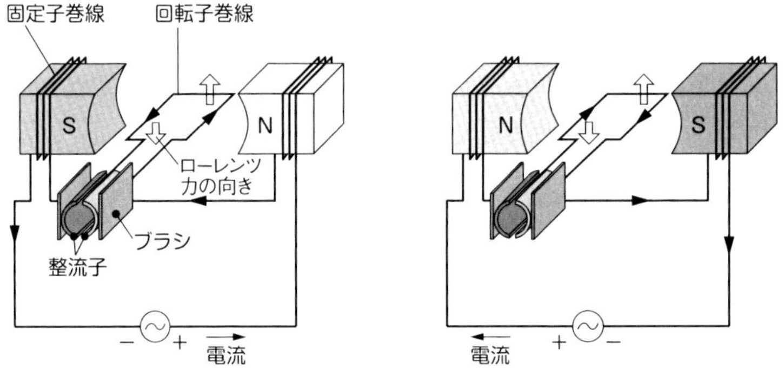

図の向きに電流が流れると、固定子巻線がつくる磁界中の回転子巻線を流れる電流がローレンツ力を受ける。その向きはフレミングの左手の法則により、図の回転子巻線の右側が上向き、左側が下向きになり、回転子が反時計回りに回転する。

交流でも図のように電源電流の向きが逆になると、界磁の向きとその中を流れる電流の向きがともに逆になるので、回転子の回転方向は変わらない。直流では電源電流の向きは変わらないが、ブラシ・整流子で回転子巻線が半回転するごとに接続が切り替わるので、回転子の回転方向は変わらない。

POINT

◎単相直巻整流子モータと直流直巻モータは同じ構造であり、交流でも直流でも駆動できるユニバーサルモータである

◎単相直巻整流子モータは単に交流整流子モータと呼ばれている

6-16

サーボモータ

サーボモータというと、何か特別なモータだというイメージがありますが、回転原理や特徴などを含めてどのようなモータなのでしょうか？

◩サーボ制御とサーボモータ

対象とする機械システムの速度や位置、向き、変位などを目標値に追従するように運転する自動制御を**サーボ制御**といいます。「サーボ」はギリシャ語で「奴隷(servus)」を意味し、「命令に忠実に従う」というイメージからサーボ制御と名付けられたようです。そして、サーボ制御に使用する**制御用モータ**を**サーボモータ**といいます。「サーボモータ」は特定の構造や回転原理を持つモータを指す固有名称ではなく、あくまで制御用モータの一般名称であり、サーボモータの明確な定義もありません。しかし、すべての制御用モータがサーボモータと呼ばれているわけではなく、電圧や負荷が変化してもつねに追従して目標値で運転できるような高い制御力を持つ場合のみサーボモータと呼びます。

サーボモータにはさまざまなしくみを持つものがあり、コアレスモータ〈➡p82〉やステッピングモータ〈➡p108〉、ブラシレスDCモータ〈➡p100〉などが活用されています。もちろん、ACモータの同期モータや誘導モータもあり、最初にDCモータがサーボモータに活用されましたが、ブラシ・整流子機構が不要なACサーボモータが開発されてからはACモータ（同期形、誘導形）が主流になりました。上図は一般的なACサーボモータの構造イメージです。

■サーボモータの幅広い用途

サーボ制御は検出器（センサ）とモータドライバを用いたフィードバック制御〈➡p94〉で行われます。位置や回転速度、姿勢、変位など制御対象が増えるに従って、システムも複雑になります（下図）。

一般にサーボモータは速度・位置制御にすぐれる、回転が安定、負荷の変動に対応、高トルク・高回転などの特徴があり、さらに用途によっては、始動から短時間で立ち上がること、損失が少ないことなども要求されます。こうした高性能な制御用モータであるサーボモータは、いまや産業分野に欠かせないものになっており、非常に幅広い分野で使用されています。たとえば、産業用およびヒト形ロボットの関節、食品および包装機械の制御装置、電車の自動ドア、アミューズメント機器の制御、半導体および液晶の検査装置、工作機械の回転テーブル、プレス装置などです。

ACサーボモータの構造イメージ

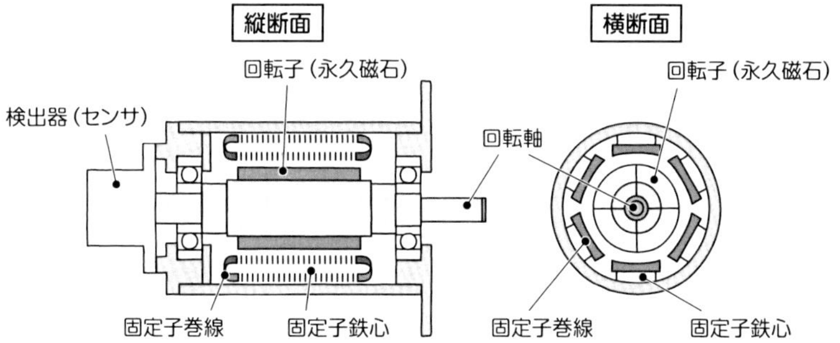

永久磁石を用いたACサーボモータの例。検出器（センサ）にエンコーダやレゾルバなどの位置・速度検出器を組み込み、ドライバで位置や回転速度、トルクの制御を行う。サーボモータは一般に厳しい環境条件で始動と停止を繰り返しながら運転されるため、通常モータより堅牢で信頼性が高い構造になっている。ACサーボモータはDCサーボモータと違ってブラシ・整流子を持たず、また巻線の高密度化や絶縁技術の進歩によって小形化されている。

ACサーボモータのシステム例

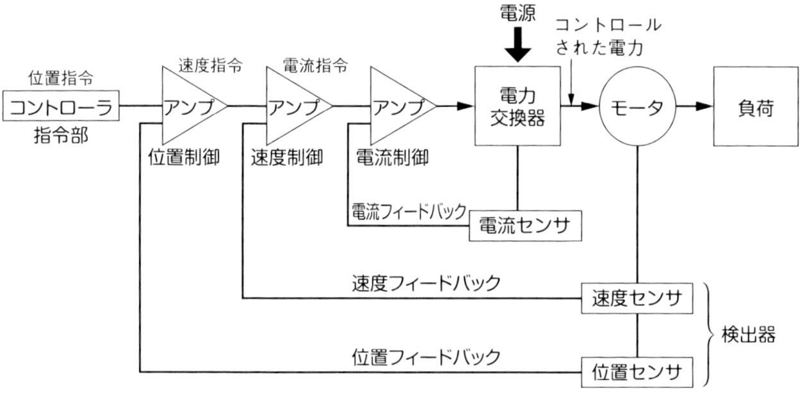

司令塔の役目をしているコントローラからモータの回転位置、回転速度、トルクの目標値が発出される。それをサーボアンプ（ドライバ）が受け取り、目標値に必要な電力（出力）を供給する。そのとき、目標値と検出器（センサ）が送ってくるモータの実際の値（フィードバック信号）とを比較して、その差がゼロに近づくようにコントロールする。以上の一連の流れはクローズドループ制御〈➡p94〉となっており、これによりサーボモータの最大の特徴である正確な位置・速度・トルクの制御を実現している。

POINT

◎非常に高い制御力を持つ制御用モータをサーボモータという
◎サーボモータはクローズドループ制御で制御される
◎主流はACサーボモータで、産業分野の広い範囲で使われている

6-17 ACスピードコントロールモータ

スピードコントロールモータにはどのような種類がありますか？　また、ACモータのうちどのような機種がスピードコントロールモータとして使用できるのでしょうか？

◪ACスピードコントロールモータの構成と駆動

スピードコントロールモータとは、その名のとおり回転速度を制御できるモータの総称で、多くの種類があります。DCモータもありますが、ACモータのほうが一般的です。上表に主なスピードコントロールモータの特性をまとめました。ACサーボモータに比べて制御精度は低いものの、比較的低コストなために単相交流モータの速度制御法として採用例も多くあります。

ACスピードコントロールモータは、単相の誘導モータもしくはレバーシブルモータの後部に**レートジェネレータ**（交流発電機）を取り付け、専用の**スピードコントローラ**（制御回路）で駆動します（中図）。

レートジェネレータはモータの回転速度にほぼ比例した交流電圧を発生させるため、その電圧を測定することで回転速度を計る計測器（センサ）になります。レートジェネレータで計測された電圧は速度フィードバック信号としてスピードコントローラに送られます。

スピードコントローラは速度制御盤と電圧制御盤からなり、速度制御盤は速度設定器からの速度指令信号と速度フィードバック信号を受取って回転速度の誤差を電圧制御盤に送り、電圧制御盤が指令速度でモータが回転するようモータに電圧を供給します。このように、ACスピードコントロールモータはフィードバック制御（クローズドループ制御）で駆動されます。

■位相制御による電圧制御

電圧制御盤はモータに印加する電圧の大きさを**位相制御**で行います。位相制御とは、交流電圧を直接オン/オフできるスイッチング素子を用いて、そのタイミング（位相）を変えて電圧を調整する方法です。下図は、電圧をかけない（オフ）時間が長いほど、グレーで示した波形面積が小さくなり、平均電圧が小さくなることを表しています。逆に電圧をかける（オン）時間が長いほど、波形面積が大きくなり、平均電圧が大きくなります。オン/オフのスイッチングは1周期で2回行われます。

ACスピードコントロールモータは、電子部品や半導体の製造工程における位置決め装置の駆動、ワイヤーの巻き取り作業などの動力源として使用されています。

主なスピードコントロールモータの特性

用途・特性	定速度駆動	簡易位置制御	速度・位置制御	高精度な速度・位置制御	高速・高精度な速度・位置制御
モータの種類	・誘導モータ ・レバーシブルモータ	・電磁ブレーキ付きモータ	・ACスピードコントロールモータ ・インバータ制御モータ ・ブラシレスモータ	・ステッピングモータ	・ACサーボモータ

主として速度制御用に使用される動力用モータをスピードコントロールモータという。上記の各モータの特性は一般例であり、同じ種類のモータでもメーカーおよび機種によって性能・特性に著しい差がある場合がある。

ACスピードコントロールモータの駆動

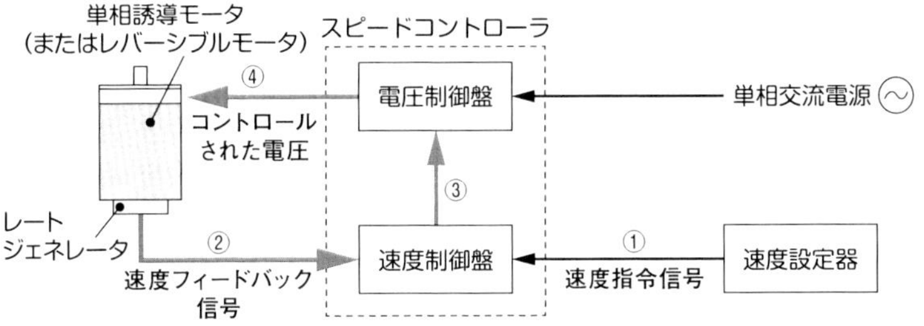

次の①～④の処理を繰り返し、クローズドループ制御でモータの回転速度を制御する。①速度設定器が速度指令信号を出力。②レートジェネレータがモータの回転速度を検出し速度フィードバック信号を出力。③速度指令信号（①）と速度フィードバック信号（②）から速度の誤差を計算して出力。④速度の誤差をなくして速度設定器で設定した回転速度になるための電圧を計算してモータに供給。

位相制御による電圧制御

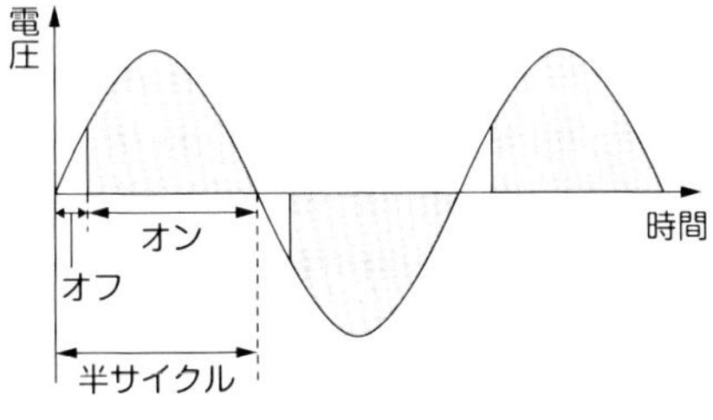

印加電圧における半サイクルごとのオン/オフ時間のタイミングを調整して平均電圧の大きさを調整する。もしモータの回転速度が設定速度より速ければオフ時間を長くし、モータの回転速度が設定速度より遅ければオン時間を長くして回転速度を上げる。

POINT
◎ACスピードコントロールモータには、主に単相誘導モータが使用される
◎速度制御はクローズドループ制御で行われる
◎モータに印加する電圧は位相制御で調整する

6-18 トップランナー制度とトップランナーモータ

トップランナーモータとはどのようなモータのことをいうのですか？また、どんな種類のモータでもトップランナーモータになれるのでしょうか？

◤最高基準方式のトップランナー制度

トップランナーモータとは特定の構造や回転原理を持つモータの名称ではなく、その名のとおり「先頭を走る」モータをいいます。何の先頭かというと、省エネルギー（省エネ）つまりエネルギー効率においてです。世界の消費電力の4割以上を占めるとされるモータのエネルギー消費効率を上げることは、地球環境保護の面でも非常に重要です。しかし、効率の善し悪しの基準をどのように定めればよいのでしょうか。一般に、基準値の決め方には次の3種類の方式があります。

①**最低基準値方式**：すべての対象製品がクリアすべき基準値を設定する方式。アメリカが採用している。

②**平均基準値方式**：任意の基準値を設定し、出荷する対象製品の平均値が基準値を上回ることを目指す方式。1979年に制定された「エネルギーの使用の合理化等に関する法律」（省エネ法）で採用された。

③**最高基準値方式（トップランナー方式）**：基準値設定時点で商品化済みの製品の中で最高効率の製品（トップランナー）の値をベースに基準値を決める方式。

1998年に省エネ法が改正された際に、トップランナー方式の基準値策定法を採用した**トップランナー制度**が導入され、2021年8月現在、対象機器は32品目です（上表）。モータでは産業分野で最も普及している「かご形三相誘導モータ」〈➡ p132〉のみが対象となっています。トップランナー制度は対象機器の製造業者にエネルギー消費効率向上を義務付けるもので、基準値に満たない製品は販売できません。

◤ようやく世界に追いついたモータの効率

意外に思われるかもしれませんが、2010年頃まで日本における高効率モータの普及は欧米に比べて遅れていました。モータの効率は国際規格で効率が低いほうからIE1～IE4の4段階にクラス分けされており、世界各国で高効率規制が行われています（下図）。2010年当時、米国ではIE2とIE3の合計が70%、欧州でもIE2が12%だったのに対して、日本では高効率タイプ（IE2）が1%程度、ほぼすべてがIE1でした。その後、トップランナーモータの基準値が国際基準のIE3に該当するため、日本でも高効率モータの普及が急速に進んでいます。

トップランナー制度の対象機器

1	乗用自動車	9	ビデオテープレコーダー	17	自動販売機	25	プリンタ
2	エアコンディショナー	10	電気冷蔵庫	18	変圧器	26	電気温水器(ヒートポンプ式給湯器)
3	照明器具	11	電気冷凍庫	19	ジャー炊飯器	27	**交流電動機**
4	テレビジョン受信機	12	ストーブ	20	電子レンジ	28	電球形LEDランプ
5	複写機	13	ガス調理機器	21	DVDレコーダー	29	ショーケース
6	電子計算機	14	ガス温水機器	22	ルーティング機器	30	断熱材
7	磁気ディスク装置	15	石油温水機器	23	スイッチング機器	31	サッシ
8	貨物自動車	16	電気便座	24	複合機	32	複層ガラス

資源エネルギー庁の資料より作成。表記は原文ママ。30～32は「機器」ではなく「建築資材」だが、制度の対象に加えられている。対象は、すでに大量に普及し相当量のエネルギーを消費する、省エネ化がとくに必要な機器。当初11品目だったのが順次品目が追加され、2013年にかご形三相誘導モータが制度の対象となった。27の交流電動機はそのかご形三相誘導モータを指す。

モータの効率の国際基準とトップランナーモータのロゴマーク

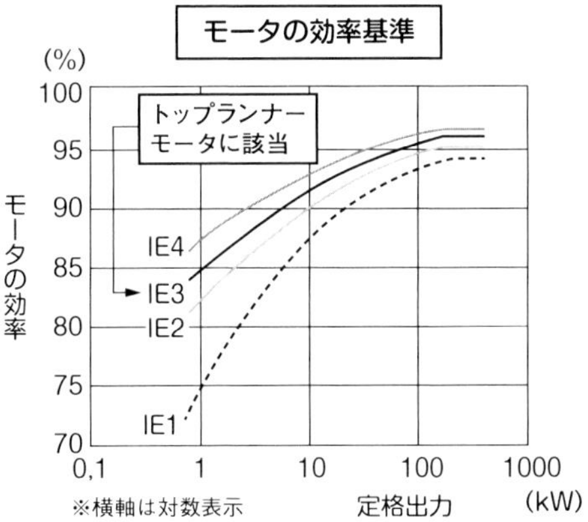

国際電気標準会議（IEC：International Electrotechnical Commission）はモータのエネルギー消費効率をIE1（標準効率）、IE2（高効率）、IE3（プレミアム効率）、IE4（スーパープレミアム効率）の4段階にクラス分けしている。IEはInternational Efficient standard level（国際効率基準）の略。現在ほとんどの国でIE3を基準に高効率規制を実施している。日本のトップランナーモータの基準はIE3に該当し、2030年に推定普及台数6600万台のうち半数をトップランナーモータに入れ替えることを想定している。なお、右図は日本電機工業会（JEMA）によるトップランナーモータ用ロゴマーク（原色は緑色）。

POINT

- ◎トップランナー方式による製品の省エネ基準をトップランナー制度という
- ◎トップランナーモータはかご形三相誘導モータのみが対象である
- ◎トップランナーモータは国際基準のIE3に該当する

COLUMN 6

潜水艦の
最大の武器とモータ

各種戦争兵器のうち、最も恐れられているものの1つが潜水艦です。潜水艦の任務はもちろん敵船舶に水中から密かに近づき魚雷等で撃沈することですが、そのほかにも、機雷敷設、敵部隊の情報収集、味方特殊部隊の揚陸潜入支援、物資の運搬など、さまざまな役割があります。第二次世界大戦以後に建造が始まった原子力潜水艦は核弾頭を搭載した弾道ミサイル(SLBM：潜水艦発射弾道ミサイル)の発射能力を持ち、一段と脅威を増しました。2021年9月現在、原子力潜水艦を保有する国はアメリカ、ロシア、イギリス、フランス、中国の国連安全保障理事会常任理事国にインドを加えた6カ国のみです。

原子力潜水艦のしくみは原子力発電所とほぼ同じです。原子核分裂のエネルギーで水蒸気を作り、その蒸気圧でスクリューを回して推進します。そのとき同時に発電タービンも回して電気を作ることができるので、それを使って海水から酸素や真水をいくらでも作り出すことができます。また、核燃料の補給もほぼ必要ないので、原子力潜水艦は一度潜行すれば数カ月でも数年でも、食料がある限り潜っていられます。

一方、世界で最も普及している通常動力型と呼ばれる潜水艦はディーゼルエンジンと蓄電池を備えています。ただし、ディーゼルエンジンで潜航するわけではありません。そんなことをすれば騒音で敵にすぐに見つかってしまい、潜水艦の最大の武器であるステルス性(隠密性)が台無しです。また、ディーゼルエンジンは燃料を燃焼させるので、酸素が貴重な潜航中には使えません。ディーゼルエンジンを使用するのは水上航行かシュノーケル(吸気管)を海面から突き出して浅深度を水中航行するときだけです。

では、通常動力型潜水艦が何を動力源にしているのかというと、蓄電池に蓄えた電気で動くモータです。このことから、潜水艦推進用のモータは世界でいちばん静粛性が求められるモータといえるでしょう。また、ディーゼルエンジン運転時にモータを発電機として使用し、蓄電池を充電する艦種もあります。

第7章

産業用特殊モータとこれからのモータ

Industrial special motor
and future motor

7-1

リニアモータ

リニアモータの駆動原理はどうなっていて、その種類にはどのようなものがあるのでしょうか？　また、超伝導リニアモータカーはどのようにして磁気浮上して走るのですか？

◩リニアモータには種類がたくさんある

回転運動ならぬ直線運動をするモータを**リニアモータ**といいます。回転式モータにボールネジやラック＆ピニオン〈➡p53〉などを組み合わせて直線運動に変えるユニット（**リニアドモータ**と呼ぶ）もありますが、リニアモータは直線運動だけをするようにつくられたモータであり、回転運動はしません。とはいえ、リニアモータも回転式と同様に電磁作用で動き、駆動原理は回転式モータと基本的に同じです。そのためリニアモータは回転式モータに劣らず種類が多く、電源別に交流機、直流機、パルス駆動があり、交流リニアモータには同期形も誘導形もあります（上図）。

◩長所・短所と用途

リニアモータは回転式モータの回転子を取り囲む円筒形の固定子を平面状に開いて、その上を回転子改め**可動子**を直線運動させます（中図）。固定子と可動子は永久磁石または電磁石からなり、両方とも永久磁石からなるモータはありません。

リニアモータは理想的なダイレクトドライブモータ〈➡p60〉であり、構造の自由度が大きなことが最大の利点です。具体的な利点は、高速化が容易で精密な位置決めや安定した定速駆動が可能、基本的にメンテナンスフリーであることです。そのため、電気カミソリから精密機械、宇宙船まで幅広い分野で使われており、（超電導磁気浮上式でない）**リニアモータカー**も1990年に大阪市営地下鉄で初めて投入されて以来、全国各地の地下鉄や新交通システムで走行しています。

◩強力な磁力を利用する超電導リニアモータカー

通常のリニアモータカーはリニアモータで推力を得て、レール上を車輪で走行します。それに対してJRの**超電導リニアモータカー**は超電導磁石を利用して磁気浮上しつつ、推進力も得て走行します（下図）。超電導とは極低温で電気抵抗がゼロになる現象をいい、大電流を流しても熱損失（発熱）が発生せず強力な磁力を発揮します。JRのリニアモータカーで超電導が採用されているのは、重い車体を浮上させるのに強力な磁力が必要なためです。

なお、愛知高速交通が運行している「リニモ」は、日本で唯一の（超電導ではなく）常電導磁気浮上式のリニアモータカーです。

リニアモータの分類

- **リニアモータ**
  - 交流（AC）
    - リニア誘導モータ（LIM）
    - リニア同期モータ（LSM）
      - 永久磁石形
      - 電磁石形
      - 可変リラクタンス形
      - ハイブリッド形
      - 超電導形
  - 直流（DC）
    - リニア直流モータ（LDM）
      - ブラシ付き形
      - ブラシレス形
      - ボイスコイル形
  - パルス電流
    - リニアパルスモータ（LPM）
      - 永久磁石形
      - 可変リラクタンス形
      - ハイブリッド形

※リニア（linear）はライン（line）の形容詞で「直線の」という意味

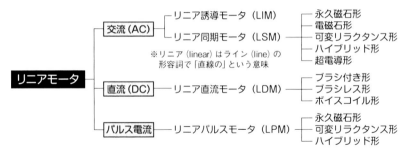

リニアモータの構造概念図

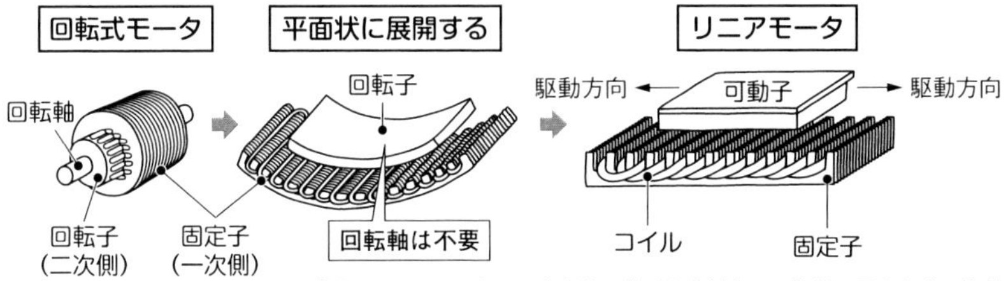

「電磁リニアモータ」2006年（独）工業所有権情報・研修館の図を参考に作成

リニアモータは回転式モータを平面上に展開した構造をしており、固定子と可動子の電磁作用（あるいは磁気の吸引・反発）で可動子が運動する。回転式モータの回転磁界が、交流リニアモータでは直線状の移動磁界になると考えればわかりやすい。

超電導リニアモータカーの磁気浮上走行

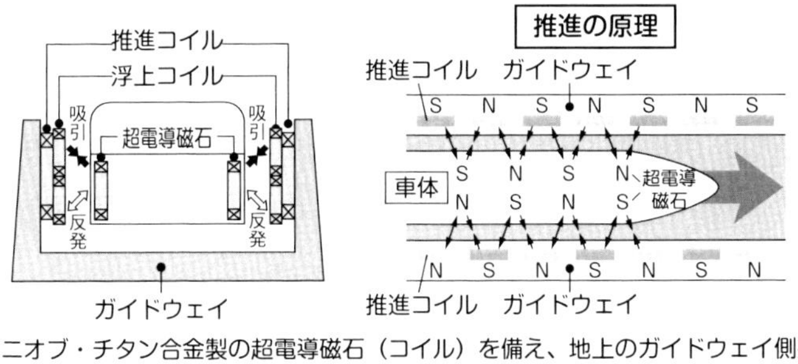

車体にニオブ・チタン合金製の超電導磁石（コイル）を備え、地上のガイドウェイ側壁に推進コイルと浮上コイルを設置する。推進コイルは三相交流電流を流して移動磁界をつくり、超電導磁石との吸引・反発を利用して車体を推進させる。一方8の字形をした浮上コイルは電源に接続されておらず、車体の超電導磁石が近づくと8の字の上下の環に逆向きの誘導電流が流れ、下の環が超電導磁石と反発し上の環が吸引することで、車体が磁気浮上する。

POINT

◎リニアモータは直線運動するモータである
◎リニアモータの推進原理は回転式モータと基本的に同じである
◎超電導リニアモータカーは強力な磁力で車体を磁気浮上させて走行する

7-2 スキャナモータ/ボイスコイルモータ

スキャナモータとはどんな動きをするモータで、どのような用途に用いられているのですか？　また、ボイスコイルモータは名前からしてスピーカと関係があるのでしょうか？

◩スキャナモータはスキャンするためのモータ

スキャナモータは鏡を利用してレーザ光を走査することを目的としたモータで、主要なものにポリゴンモータとガルバノモータがあります。どちらもコアレスモータ〈➡p82〉構造を基礎にし、直流で駆動します。

(1) ポリゴンスキャナモータ（ポリゴンモータ）

ポリゴンレーザスキャナは多面体の鏡とそれを高速回転させるモータからなり、レーザ光を水平走査させる機器（光偏光器）です。ポリゴン（polygon）とは「多面体」を意味し、ポリゴンレーザスキャナはレーザダイオード（LD）から照射されたレーザ光を多面体鏡（**ポリゴンミラー**）に反射させて感光体上に走査します。**ポリゴンモータ**はポリゴンミラーを繰り返し高速で回転させるためのものです（上図)。ポリゴンレーザスキャナは、複写機やレーザプリンタなどのデジタル事務機器のほか、傷検査装置や医療用画像診断装置などに広く使用されています。

(2) ガルバノスキャナモータ（ガルバノモータ）

ガルバノレーザスキャナ（**ガルバノメータ**）は、一面鏡（**ガルバノミラー**）を回転させてレーザ光を走査する方式です。回転を担う**ガルバノモータ**は、正確な高い位置決めを行うために高精度位置センサを搭載しています（中図)。ミラーの振れ角を狭くすることで、ブラシと整流子による転流機構や磁気センサを不要にしています。ガルバノレーザスキャナは、3Dプリンタや3D計測器、レーザ顕微鏡、レーザ溶接、自動運転車のLiDAR［Light Detection And Ranging（光による検知と測距)］など幅広い分野で普及しています。

◩ボイスコイルモータ(VCM)はリニアモータの一種

スピーカと同じ原理で、電気信号を運動エネルギーに変換して推力を生じることから名付けられた**ボイスコイルモータ**は、単相交流で駆動し、永久磁石の磁界中をコイル（を巻いた**ボビン**）が直線的に動くリニアモータです（下図)。ダイレクトドライブであることに加え、軽量なコイル（とボビン）のみが動くので、応答性にすぐれスムーズな高速動作が可能です。ボイスコイルモータは、磁気ヘッドの位置決めやデジタルカメラの手振れ補正、オートフォーカスなどに使用されています。

ポリゴンスキャナモータの構造

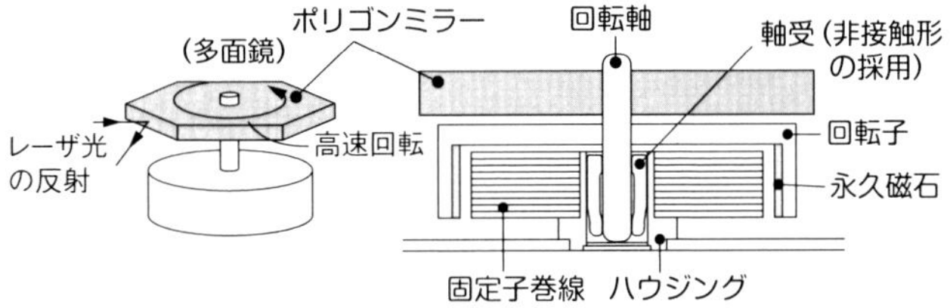

平板形のコアレスモータ構造をしている。モータには安定して高い精度の繰り返し駆動と高速性能が求められる。軸受に非接触の空気軸受を使用することで、ノイズや振動、発熱などを抑え、静粛な超高速回転が可能になり、耐久性も向上している。

ガルバノスキャナモータの構成

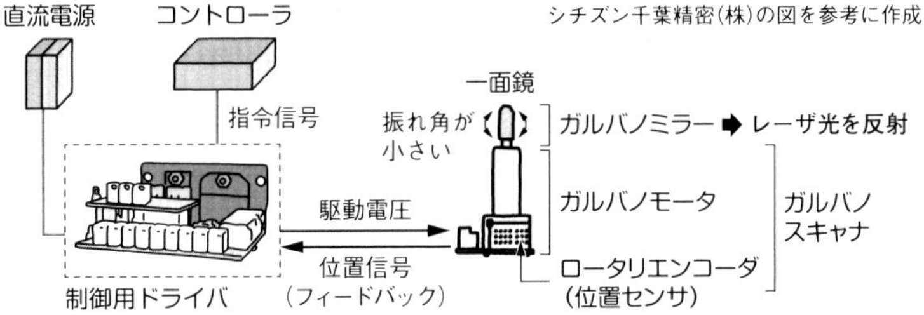

シチズン千葉精密(株)の図を参考に作成

ガルバノスキャナは、ガルバノミラー、ガルバノモータ(+位置センサ)、回転角制御機構(制御用ドライバ)からなり、ミラー操作角度を精密に制御するためにガルバノメータの原理が応用されている。なお、「ガルバノ」とはイタリアの医師で物理学者でもあったルイージ・ガルバーニ(1737-1798)が発明したガルバノメータ(検流計)にちなむ。

ボイスコイルモータの駆動原理

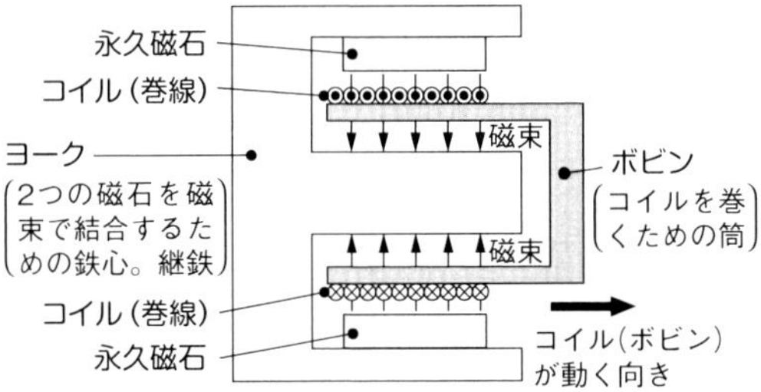

コイルに図の方向の電流が流れると、右向きにローレンツ力がはたらきボビンが右に動く。電流の向きを逆にするとボビンも逆向きに動く。なおVCMには、図のような永久磁石の磁界中をコイルが動くムービングコイル形以外に、ヨーク(継鉄)とコイルがつくる磁界中を永久磁石が動くムービングマグネット形もある。

POINT

◎スキャナモータは反射鏡を回転させてレーザ光を的確に走査させる
◎ポリゴンモータは安定した高速回転、ガルバノモータは精密な位置決めをする
◎ボイスコイルモータは単相交流で往復運動をするリニアモータである

7-3 スピンドルモータ/中空モータ

スピンドルモータとはどのようなモータで、どんな用途で使われているのですか？　また、中空モータはなぜモータの中心部に穴を開けているのですか？　それにはどのような利点がありますか？

◩回転部とモータが一体のスピンドルモータ

スピンドル（spindle）とは「回転の軸」のこと。**スピンドルモータ**はモータの回転軸とそこに装着する負荷の軸が同一直線上にある、回転部とモータが一体になったダイレクトドライブ方式のモータ〈➡p60〉です。したがって、モータ自体の回転原理にはいろいろなものが採用され、誘導モータやブラシレスDCモータ、リラクタンスモータのほか、次項で紹介する**超音波モータ**を使用することもあります。

スピンドルモータの用途は主として2つに分類できます。1つめは磁気ディスクや光ディスクの回転用で、HDD（ハードディスクドライブ）には必ずスピンドルモータが使われています。薄型・コンパクトサイズ（上図・左）ですが、記憶容量とデータ転送に直結する重要部品であり、高速回転、低消費電力（高効率）、低回転ムラなどの性能が要求されます。2つめは精密切削や高速研磨などを行う工作機械用途です。回転軸にドリルやカッター、丸鋸など加工目的に応じた工具（スピンドル）を取り付けて使用します。加工用スピンドルモータは円筒形（上図・右）をしており、高速回転とかなりの高トルクが求められます。

◩中空モータは中心部が空洞

スピンドルモータと同様、特定の回転原理を持つモータの種類ではなく、中心に穴が貫通しているモータを総じて**中空モータ**といいます（下図）。薄形から円筒形まで種々の形状のモータがありますが、中心を空洞にした最大の理由はそこにさまざまなものを通したり、設置したりできるからです。近年モータを使用した工業機器や計測器、医療機器などでは小形軽量化の要求が強く、ケーブル類や各種センサを中空に納めれば、空間利用率と設計の自由度を高めることができます。

中空には液体や空気のチューブ、光なども自由に通すことができます。中空モータの利用が多い光学系分野では、モータを駆動させながら中空に通した光ファイバケーブルでレーザ光を送り、計測や分析、信号伝達に活用しています。また、半導体製造工場ではウエハ（薄い円盤状の半導体材料）を固定して回転させるのに、中空モータを通して空気を抜いて吸着させています。そのほか、ロボットでもケーブル類や他モータのシャフトを通したりすることで動作自由度を高めています。

スピンドルモータ

円盤形

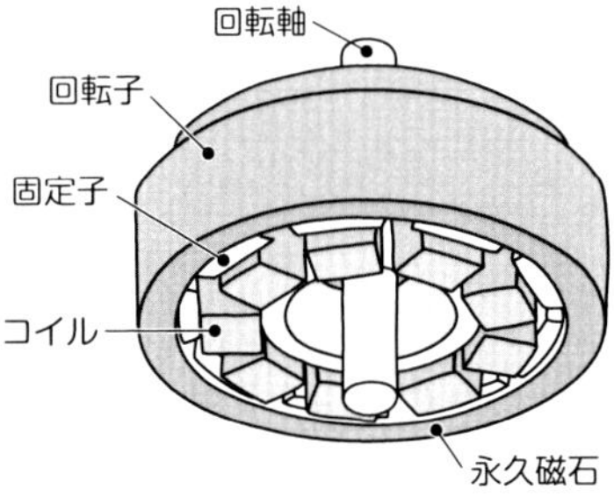

円筒形

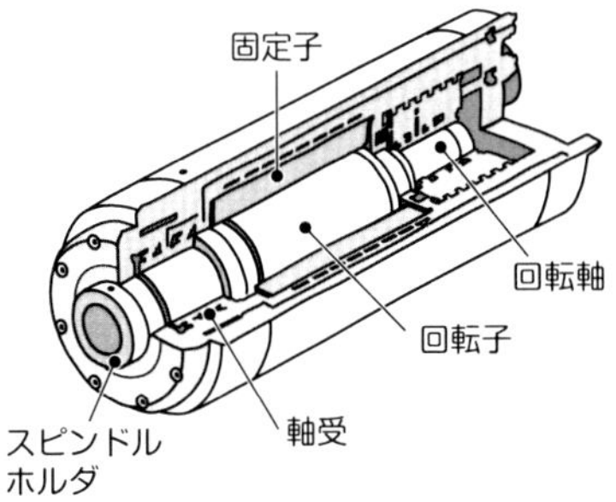

ハードディスクドライブなどの情報機器で用いられる場合、限られたスペースで駆動するので薄型かつ大トルクを出すために、永久磁石を多用したアウターロータ構造が採用される（左）。工作機械に用いられる場合は、穴開け、切断、面取り、研磨など用途に応じて先端に工具を取り付けて使用される（右）。ロボットハンドとしても活躍している。

中空モータの利用例

ケーブル類の貫通

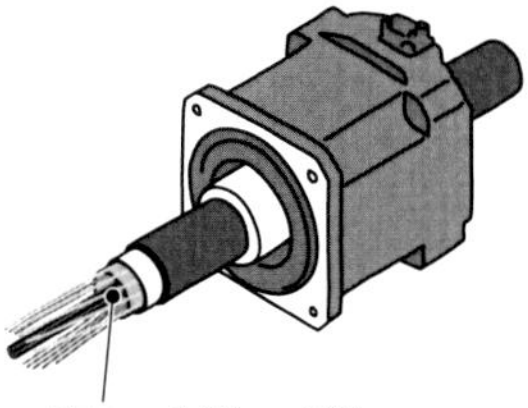

ケーブルやチューブ類はスペースを取るので、それがモータの中空に納まれば機器の小型化に貢献する。光ファイバケーブルを通した光学機器が多数開発されている。

ワークの固定

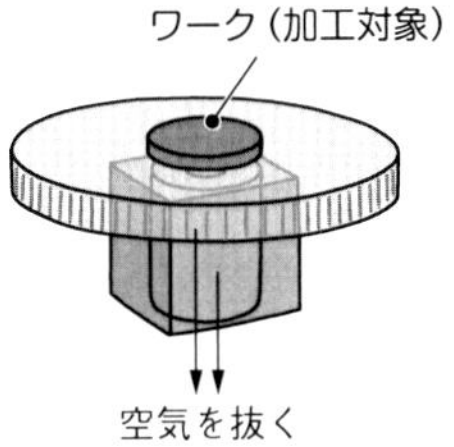

半導体製造装置では、作業テーブルにウエハなどのワーク（加工対象のこと）を置き、中空モータで空気を抜けば真空吸着でワークを固定できる。

直線運動

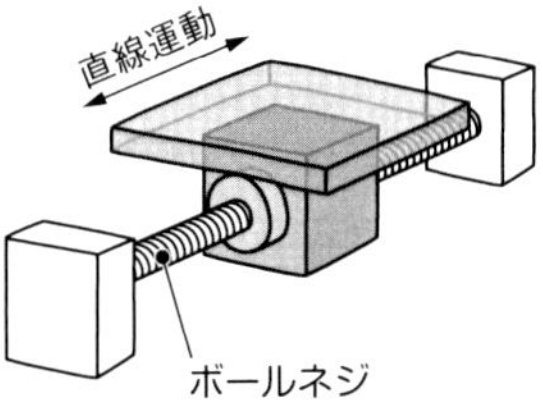

モータの回転を直進運動に変換するボールネジを中空に貫通させた機構も使用されている。省スペースでテーブルを直線的に往復運動させることができる。

POINT

◎スピンドルモータは回転部とモータが一体になったモータである
◎スピンドルモータはデジタル機器や工作機械、ロボットなどで使用されている
◎中心に貫通穴を持つ中空モータは半導体製造や光学機器にも利用されている

7-4 超音波モータ

超音波モータは「音」で動くのですか？　超音波モータに使用する圧電素子とは何でしょうか？　また、超音波モータにはどのような種類があるのですか？

◩磁気を利用しないモータの代表格

超音波モータは電磁作用で回転するモータではなく、かといって超音波そのものを利用して駆動するモータでもありません。超音波モータは圧電素子を振動させ、その振動を利用して回転子を駆動するモータで、振動の周波数が超音波領域（20 kHz以上）であることからそう呼ばれています。超音波とは人間が聞き取れる周波数の上限（約20kHz）を超える音のこと。また、**圧電素子**とは圧力をかけると電圧を生じ、逆に電圧をかけると変形する電子部品で、**ピエゾ素子**ともいいます（上図）。「ピエゾ」はギリシャ語で「押す」を意味する「piezein」に由来します。

超音波モータは動作のしくみから進行波形と定在波形に大別されます。**進行波**とは波形が進んでいく通常の波、**定在波**（ていざいは）（**定常波**ともいう）は波形が進行せずその場で振動を繰り返す波のことです。

◩主流は進行波形超音波モータ

固定子は円環状で、弾性体の底に圧電素子を接着した2層構造になっています。圧電素子は分割されていて、位相差のある複相交流電圧をかけると順に伸縮し、それが弾性体を波打たせ、進行波が発生します（中図）。この進行波の上に回転子を乗せて押しつけると、摩擦によって回転子が進行波上を移動します。このとき進行波表面の1点に注目すると、その点は進行波とは逆向きに楕円運動するので、回転子の移動方向は進行波と逆になります。実用化されている超音波モータのほとんどはこの進行波形で、カメラのオートフォーカスなどで使用されています。

◩複合振動する定在波形超音波モータ

ねじり振動と縦振動の2つの定在波を組み合わせてロータを回転させるので、**複合振動形**ともいいます。二相電源でねじり振動と縦振動の位相差が90°になるように2つの圧電素子に印加すると、楕円振動軌跡ができ、押しつけた回転子が摩擦によって駆動します（下図）。定在波形も光学機器などで使用実績があります。

一般の電磁モータに比べて、超音波モータは小形・軽量で低速・高トルク特性を持ち、静粛で電磁波を発生しない利点があります。ただし、摩擦による摩耗が大きく、高速運転が難しいという欠点もあります。

圧電素子の構造と効果

構造

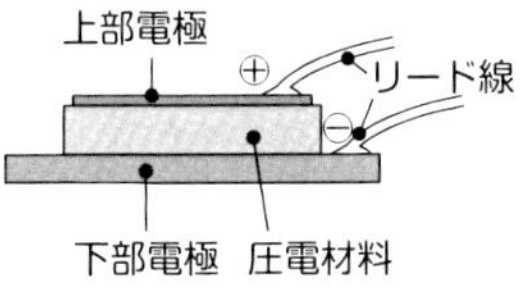

2つの電極で圧電材料（圧電セラミック）をはさんだ簡単な構造。圧電セラミックの主流はチタン酸ジルコン酸鉛［PZT=$Pb(Zr,Ti)O_3$］。

圧電効果

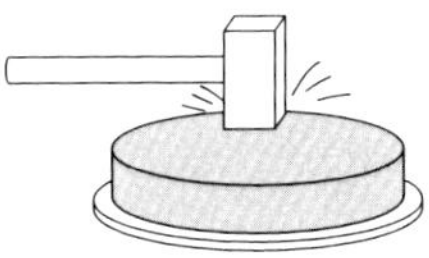

圧電素子に圧力を加えて圧電材料を圧縮するとプラス電圧が発生し、圧電材料を伸ばすとマイナス電圧が発生する。

逆圧電効果

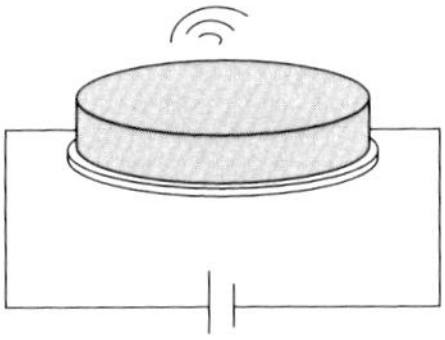

圧電素子にプラス電圧をかけると伸び、マイナス電圧をかけると縮む。交流電圧をかけると圧電材料が伸縮する。

進行波形超音波モータの構造と駆動原理

構造

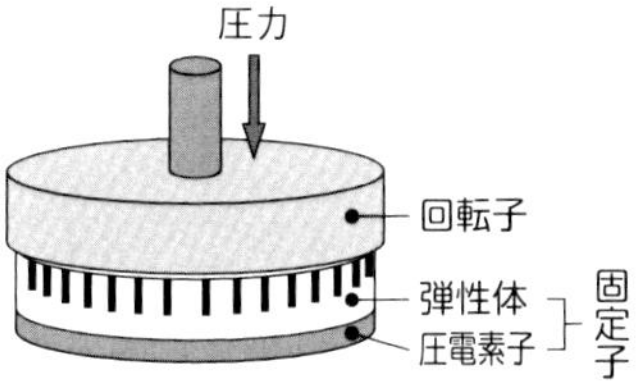

駆動原理

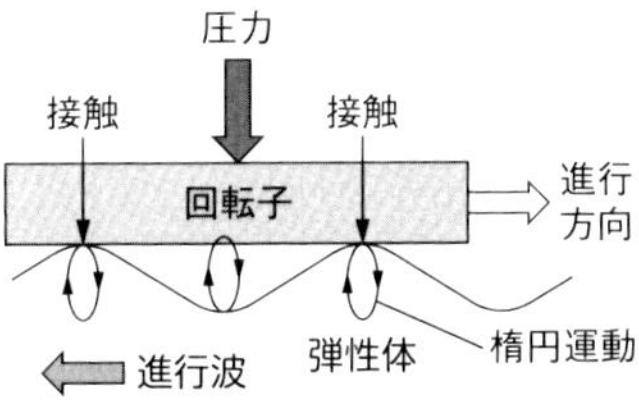

固定子はアルミニウム合金など金属製振動体（弾性体）の底面に円環状の圧電素子を接着したもの。波打った弾性体との摩擦で回転子が駆動するが、回転子の進行方向は進行波の向きと逆になる。

定在波形超音波モータの構造と駆動原理

構造

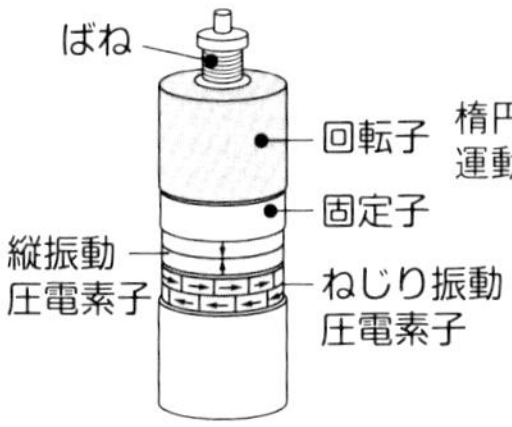

駆動原理

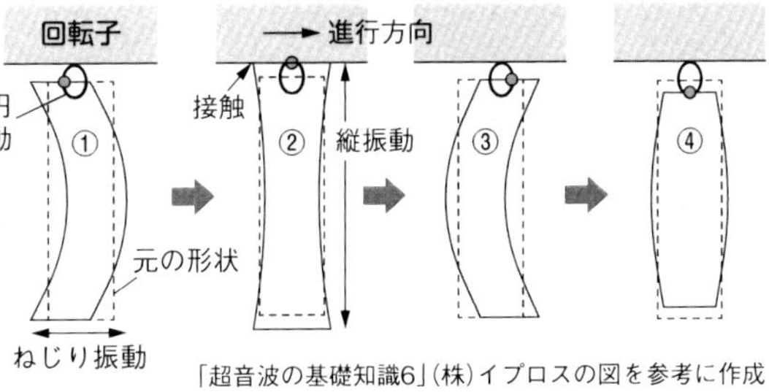

「超音波の基礎知識6」（株）イプロスの図を参考に作成

縦振動圧電素子とねじり振動圧電素子を備える。両方の振動が同時に起こり、弾性体表面が楕円振動し回転子が摩擦によって駆動する。①右ねじり振動→②縦振動（伸張）→③左ねじり振動→④縦振動（収縮）

POINT

◎圧電素子は圧力をかけると電圧を発生し、逆に電圧をかけると変形する
◎超音波モータは圧電素子を超音波領域の周波数で振動させて駆動する
◎超音波モータには進行波形と定在波形があるが、主流は進行波形である

7-5 油圧モータ/空圧モータ

油圧モータ、空圧モータはどのような用途で使われているのですか？また、油圧モータと空圧モータの圧力の加え方にはどのような違いがあるのでしょうか？

◪油圧モータの特徴

遊園地のアトラクションの中でひときわ大きな観覧車を回転させているのが**油圧モータ（オイルモータ）**です。油圧モータは**パスカルの原理**（上図）を利用し、油の圧力を高めて回転する、電磁モータに比べてパワフルなモータです。そのため、大きな力が必要な土木・建設機械や農業・漁業機械にも広く使われています。たとえば油圧ショベル（通称ショベルカー）は通常ディーゼルエンジンを搭載していますが、その動力はすべて複数の油圧モータによる走行や作業に使用されています。

◪油圧モータの構造と種類と回転原理

油圧ポンプは原動機の動力で駆動軸を回転させ、作動油を吸い上げ、吐き出します。その作動油の圧力で駆動軸を回転させるのが油圧モータです。このように油圧モータは油圧ポンプを含めた複数の要素からなる油圧装置の出力部としてはたらきます。なお、**作動油**とは動力を伝達する媒体として使われている油の呼び名です。

油圧モータにはベーンモータ、歯車（ギヤ）モータ、ピストンモータなどの種類があります。油圧モータの構造は基本的に油圧ポンプと同じで、両者は入力と出力が逆になります。ベーン（vane）とは平板や羽根状の板のことで、ベーンモータは回転子に刻まれた溝をベーンが油圧で移動することで回転し、歯車モータは作動油が歯車を回して回転します。ピストンモータについては中図に示しました。

◪圧縮空気で動く空圧モータ

作動油の代わりに、コンプレッサで圧縮された空気で駆動するのが**空圧モータ**（**空気圧モータ、エアモータ、空気エンジン**ともいう）です。油も空気も流体とはいえ、液体の油は圧力を加えてもほとんど体積変化がないのに対して、気体の空気は容易に圧縮・膨張します。そのため減圧膨張で結露したり、空気の漏れで破裂したりする危険性があります。空圧モータにもベーンモータ、歯車モータ、ピストンモータがあり、このうち空圧ピストンモータの構造と回転原理を下図に示しました。

空圧モータは油圧式に比べてトルクは小さいですが、空気を利用するのでいろいろなコストが安く済みます。また、気体には圧縮性があるため過負荷に対しては安全であり、洗浄機や攪拌機（かくはんき）、電動工具などのほか、幅広い用途で使用されています。

パスカルの原理

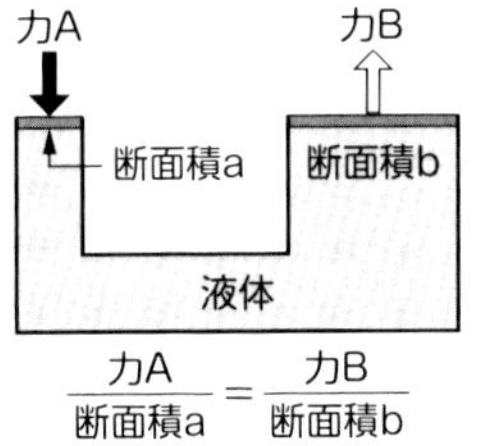

密閉容器中の流体の一部に加えられた圧力は流体のすべてに同じ大きさで伝わる、というのがパスカルの原理。図で断面積bが断面積aの5倍だとすると、力Aの5倍の力（力B）が取り出せる。

油圧ピストンモータの構造と回転原理

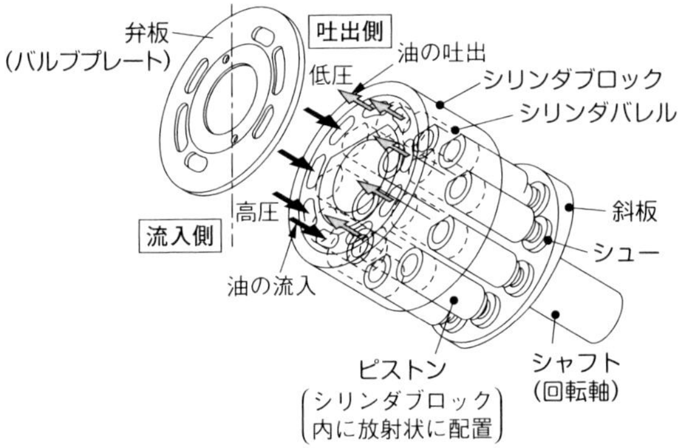

油圧ポンプから供給された作動油が弁板の流入側からシリンダ内に入り、その油圧でピストンが斜板を押すと、ピストンが斜板を滑り落ちようとする水平方向の力が生じ、それがシリンダブロックを回転させる。ピストンが斜板を滑り上がるときは斜板に押されてピストンがシリンダ内にもどり作動油を押し出す。

KYBエンジニアリングサービス(株)の図を参考に作成

空圧ピストンモータの構造と回転原理

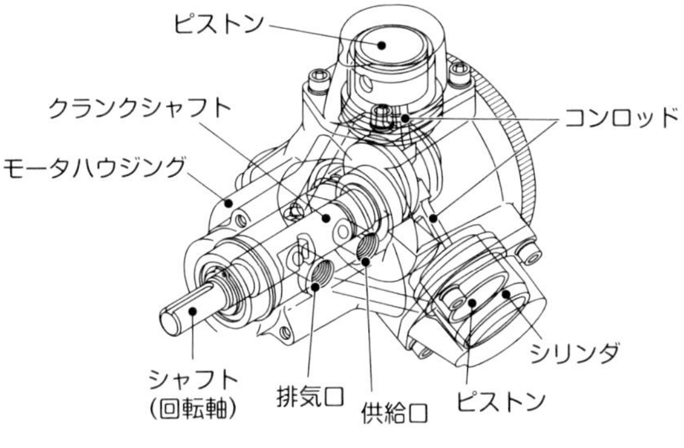

ピストンを放射状に配置したラジアルピストン形の空圧モータ。各ピストンはコンロッドでシャフトと連結されている。コンプレッサで圧縮された空気が供給口から送り込まれて各シリンダに入り、ピストンが往復運動することでクランクシャフトに回転力が発生する。ピストンがもどるとき空気は排気口から出て行く。

POINT
- ◎油圧モータは油圧ポンプで圧力を加えた作動油で駆動する
- ◎空圧モータはコンプレッサで圧縮した空気で駆動する
- ◎油圧・空圧モータにはベーン形、歯車形、ピストン形がある

7-6 静電モータ/静電形光モータ

静電モータは電気を利用して回転しますが、その原理は電磁作用とは異なるのですか？　また、光でモータを駆動するためにはどのような素材が必要なのでしょうか？

◪静電気力で回転する静電モータ

電気モータの一種ですが、電磁モータの回転原理とはまったく異なり、静電荷間にはたらくクーロン力（静電気力）で回転するのが**静電モータ**（**静電気モータ**）です。クーロン力とは、同じ符号の電荷どうしは反発し合い、異符号の電荷は引きつけ合う力のことです〈➡ p22〉。

静電モータの歴史は古く、18世紀中頃にはすでに原型がつくられています。20世紀後半にはMEMS（Micro Electro Mechanical Systems：微小電気機械システム）の動力源として期待され、1988年にマイクロ静電モータが試作されました。しかし、高電圧を必要とする反面、得られるトルクが小さいために、静電モータはなかなか実用化されませんでした。ところが、2020年にシチズン時計が静電モータで駆動する腕時計の発売を発表したことで、再び静電モータに注目が集まっています。

静電モータはトルクの発生方法にいろいろな種類がありますが、そのうち静電誘導方式について上図で説明します。なお**静電誘導**とは、導体や誘電体に帯電体を近づけたとき、帯電体に近い部分に帯電体と符号が反対の電気が生じる現象をいい、シチズン時計の静電モータも静電誘導を利用しています。なお現在は、電磁モータ並みの高出力静電モータも開発されています。

◪光で静電気を発生させて動く静電形光モータ

光をエネルギー源とするモータは、非接触でエネルギーを供給することができ、電磁ノイズに影響されず、小形軽量化が可能という特徴を持っており、盛んに研究されている「これからの」モータの1つです。そのうち**静電形光モータ**は、PLZT（チタン酸ジルコン酸ランタン鉛）素子を使い、静電気力で回転します（下図）。PLZTは紫外線を照射すると高電圧が生じる**光起電力効果**を持つ機能性セラミック材料です。静電形光モータは回転運動のほか、固定子極や移動子極を直線的に配置してリニアモータとすることもできます。

電磁モータは磁性体を多用するので重くて硬い構造になりがちであるのに対して、静電気で駆動するモータは軽量で比較的柔軟な材料で構成できます。柔らかいモータシステムはロボットの人工筋肉などへの利用が期待されています。

静電モータの原理

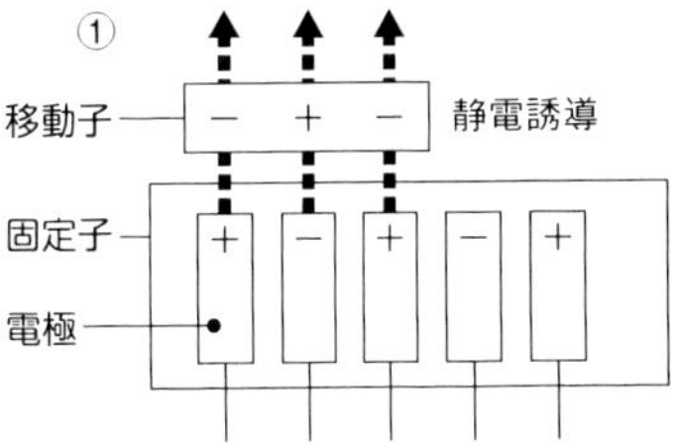

静電気力で直線運動するリニアモータの一例。電極を配置した固定子の上に誘電体（絶縁体）の移動子を乗せ、電極に高電圧をかける。①静電誘導によって移動子に電極と逆符号の電荷が誘導される。②電極電圧の正負を逆にすると、移動子の誘導電荷は遅れて切り替わるので、それまでは電極と移動子の同符号の電荷が向き合う。③クーロン力で移動子が右へ移動する。①〜③が繰り返されることでモータが駆動する。

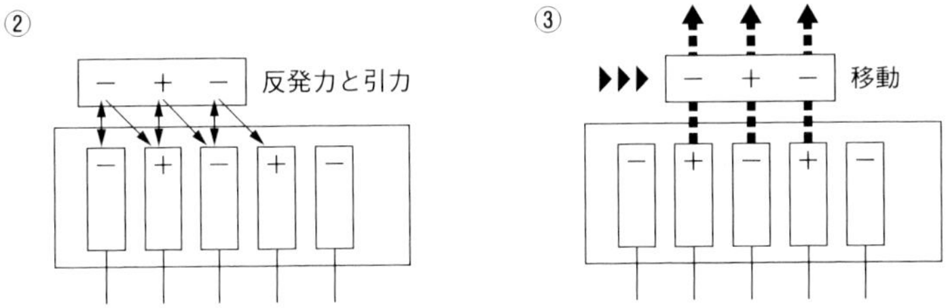

静電形光モータの原理

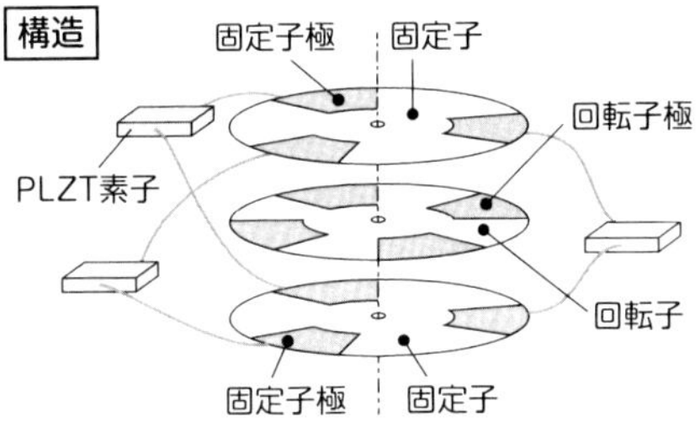

2枚の固定子で、回転子をはさんだ回転式モータの一例。①右下のPLZT素子に紫外線を照射すると光起電力効果によって接続されている2枚の固定子極に高電圧が発生する。それにより回転子極の上下にプラスとマイナスの静電荷が誘導され、回転子極が固定子極に重なる。②の位置まで回転子が回転する。各PLZT素子に順番に紫外線を照射すると、同様のことが繰り返されて、回転子が連続的に回転する。

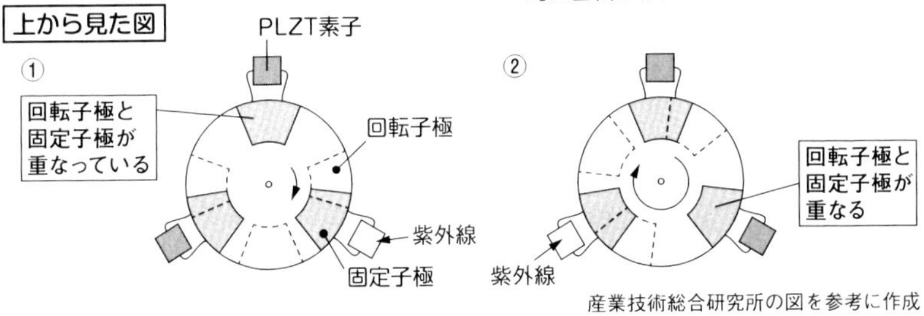

産業技術総合研究所の図を参考に作成

POINT
- ◎静電荷のクーロン力で駆動するモータを静電モータという
- ◎光を当てて駆動する静電モータを静電形光モータと呼ぶ
- ◎静電モータは小型軽量で柔軟という特徴を持つ

7-7 分子モータ(1) 細菌のべん毛モータ

細菌などの単細胞生物は、分子モータという生体分子のはたらきによって動いているといわれますが、そのモータはどのようなしくみで動き、何をエネルギー源としているのですか？

◤細菌のべん毛もモータで動く

分子モータといえば、ふつう生物が持つ動きを生み出す生体分子を指します。生体分子モータは化学エネルギーを運動エネルギーに変換し、移動したり、回転したりする原動力としてはたらきます。分子モータで動く器官として最も有名なものに、細菌などの単細胞生物が持つべん毛があります。べん毛はムチのような繊維の根元に回転式モータ（**べん毛モータ**と呼ぶ）を持ち、モータとフックでつながれた繊維がスクリューのように回転して水中を泳ぎます（上図）。

◤精子もドリルのように進む

ところが近年、細菌の泳ぎ方にもう1つモードがあることが発見されました。それはべん毛繊維をスクリューとして使わず、体に巻きつけて細胞全体を回転させてドリルのように進む方法です（中図）。

粘性の大きな液体中ではスクリュー方式よりこのドリル方式のほうが効率的なようです。実は精子の泳ぎ方も似た方式であることが2020年に発見されました。精子はそれまでべん毛を左右に振って泳ぐと信じられてきました。しかし、最新の3D顕微鏡で観察したところ、体を一方向に回転させてドリルのように進んでいたのです。ただし、そのときべん毛繊維を体に巻きつけることをしないので、従来の2D顕微鏡で観察するとべん毛を左右に振っているように見えていたのです。

◤分子モータの構造とエネルギー源

べん毛モータにも固定子と回転子、軸受部分があります（下図）。モータが回転するためのエネルギー源は、細胞膜を通過する水素イオンのポテンシャルエネルギーの差で、これを**プロトン駆動力**といいます。プロトンとは陽子のことで、つまり水素原子の原子核です。べん毛モータの回転子は主として、固定子を介して水素イオンが細胞内に流入するときに起こる固定子と回転子の相互作用の変化によって回転します。ただし、海洋性の細菌などでは水素イオンではなくナトリウムイオンの流入で回転するものもありますが、いずれにしろイオン駆動形のモータです。

このモータでべん毛は毎秒300回転というF1エンジン並みの速さで回転することができ、しかもエネルギー変換効率はほぼ100％という驚異的な高さです。

細菌のべん毛

複数のべん毛を持つ細菌

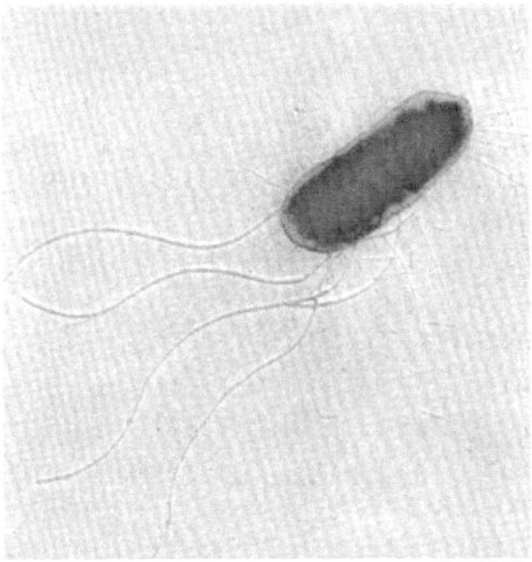

@AJC1

細菌によってべん毛の数やべん毛が生えている部位はさまざまだが、根元にはべん毛を動かすモータが付いている。

べん毛の構造

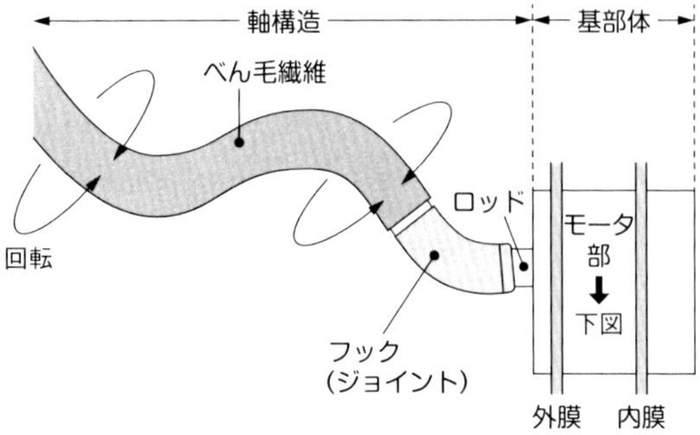

細菌のべん毛は約30種類のタンパク質でできている。べん毛繊維、フック、ロッドからなる軸構造と根元の基部体からなり、基部体に回転式モータが備わっている。

細菌の泳ぎ方

スクリュー方式　　**ドリル方式**

べん毛を一方向に回転させ、べん毛が1本のときはべん毛と反対の向きに進む。

べん毛を細胞本体に巻き付け、ドリルのように回転しながらべん毛が付いている側に進む。

べん毛モータの構造

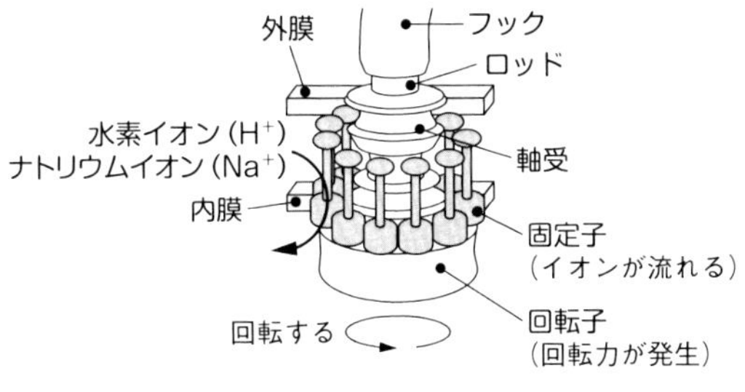

イオンが固定子を流れることで回転子が回転する。細菌によってプロトン駆動形とナトリウムイオン駆動形の固定子を持つものに分かれ、その選択は固定子タンパク質で決まる。ただし両方の固定子を持つ細菌も存在し、環境変化などに応じて使い分けている。

JBS「イオン駆動力で動く生物モーターの構造とエネルギー変換機構」(竹川宣宏、本間道夫)の図を参考に作成

POINT

◎細菌はべん毛を回転させることによって泳ぐ(運動する)
◎細菌の泳ぎ方にはスクリュー方式とドリル方式がある
◎べん毛モータはプロトンやナトリウムイオンなどのイオンで駆動する

7-8

分子モータ(2) 真核生物の分子モータ

人間など真核生物が持っている生体分子モータは、細菌のべん毛モータと同じですか、それとも違いますか？ また、真核生物の分子モータにはどのような種類があるのでしょうか？

◩全生物は3種類に大別

地球上のすべての生き物は3つに大別されます。前項で紹介した細菌（真正細菌という）、古細菌、真核生物です。このうち、真正細菌と古細菌は単細胞生物で、細胞核がないので原核生物と呼ばれています。古細菌は100℃の温泉など極限環境で見つかることが多く、生物進化の初期に、全生物共通の祖先から真正細菌が枝分かれした後、古細菌と真核生物に分かれたと考えられています。ここでは真核生物の分子モータについて紹介します。

◩真核生物の分子モータ

真核生物は細胞核を持つ細胞からなり、私たち人間も真核生物です。真核生物のほとんどは多様な細胞を持つ多細胞生物で、ATP（アデノシン三リン酸）と呼ばれる分子を加水分解することで得られるエネルギーを機械的な運動に変換しています。真核生物の分子モータには主として次の3つのタンパク質があります。

①**ATP合成酵素**：エネルギー分子であるATPを合成するのにはたらく酵素タンパク質。水素イオン駆動形の回転モータである（上図）。

②**ミオシン**：ATPを加水分解しながらアクチン上を直線運動し、筋肉を収縮させるリニアモータである（中図）。アクチンは筋肉の主要タンパク質の1つ。

③**キネシン、ダイニン**：両者ともモータタンパク質であり、ATPを加水分解しながら細胞内微小管の上を直線運動するリニアモータである（下図）。微小管は細胞の形態維持、細胞内物質輸送、細胞分裂などに重要な役割をしている。

◩人工分子モータの開発へ

さて、前項と本項で生体分子モータを紹介したのは、生物が持っているこれらナノサイズのモータが、将来の産業界に革命をもたらす可能性のあるナノテクノロジー進展の鍵を握っているからです。分子モータの構造や運動機構の解明研究は古くから行われてきており、人工分子モータの実用化はまだまだ先の話ですが、最近生体モータ分子を使ったモータの試作品が製作されました。また、ナノサイズの領域はニュートン力学ではなく量子力学が支配する世界なので、そういう意味でも人工分子モータの研究開発は新しい知見を提供してくれる重要なテーマなのです。

ATP合成酵素の構造

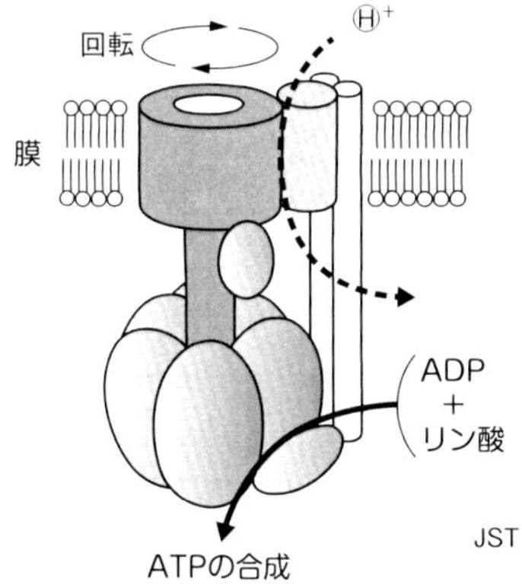

ATP合成酵素は水素イオンが濃度の高いところから低いところへ流れる力を利用して回転し、この回転によってADP（アデノシンニリン酸）とリン酸からATPを合成する。細胞のエネルギー蓄積と代謝はATP⇄ADPで行われている。

JST「ATP合成制御プロジェクト」資料の図を参考に作成

ミオシン/アクチン・リニアモータによる筋肉収縮

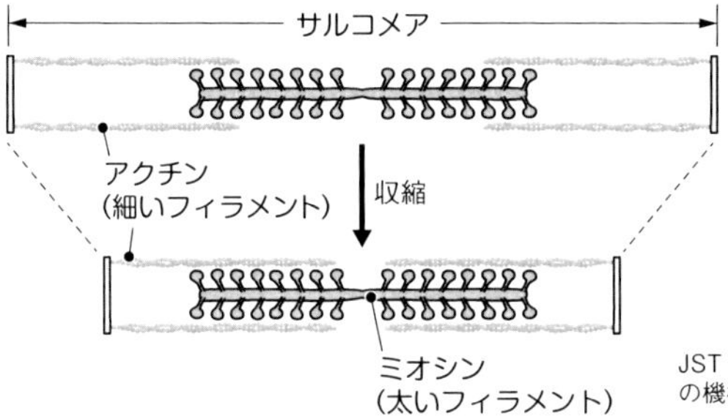

筋肉はサルコメアと呼ばれる収縮単位が多数並んで構成されている。筋肉が興奮すると、サルコメアのミオシンフィラメントとアクチンフィラメントが滑りサルコメアの長さが短くなることで筋肉が収縮する。

JST「すべての細胞運動、細胞内輸送に共通の機構が明らかに」の図を参考に作成

キネシン・ダイニン/微小管・リニアモータによる物質輸送

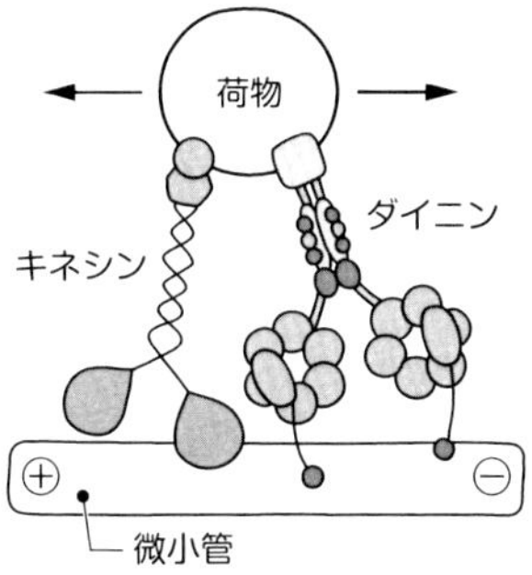

キネシンとダイニンはATPを加水分解したときに生じるエネルギーを得て、まるで歩くように微小管上を移動する。キネシンは細胞の周辺へ、ダイニンは細胞の中心方向へ荷物を運ぶという役割分担になっている。

「植物の微小管依存的な細胞内輸送機構」（山田萌恵）の図を参考に作成

POINT

- ◎真核生物が持つATP合成酵素は、イオン駆動形の回転式モータである
- ◎ミオシンはアクチン上を直線運動するリニアモータで、筋肉収縮を行う
- ◎キネシンとダイニンは細胞内微小管上を直線運動するリニアモータである

COLUMN 7

超電導体の
マイスナー効果とピン止め効果

超電導(超伝導)とは、物質の電気抵抗が0になる現象をいいます。電気抵抗が0になると抵抗による熱が発生しなくなり、エネルギー損失が0になります。したがって、一度電流を流すと永遠に流れ続けることになります。

超電導状態は極低温で現れる量子効果の1つです。量子効果とは超ミクロな世界で生じる量子力学特有の現象のことで、超電導はそれがマクロなスケールで姿を現したものです。しかし、ものすごく冷やせばどんな物質でも超電導状態になるわけではなく、超電導状態になる物質とならない物質があり、良導体(電気や熱をよく伝える物質)である金・銀・銅は超電導状態になりません。

1911年にオランダの物理学者カマリン・オンネス(1853-1926)が超電導を発見して以来、より高温で超電導になる物質が探索されてきました。オンネスが超電導を発見したときの水銀の温度は4.2K(−268.95℃)でした。現在では超高圧下においてですが、炭素質水素化硫黄(CH_8S)が287.7K(14.55℃)で超電導状態になることが確認されています。なお「K」は絶対温度の単位「ケルビン」で、0K=−273.15℃です。

ところで、超電導状態で現れる現象の1つに「マイスナー効果」があります。超電導体は外部の磁界を打ち消す向きに磁化する性質があり、内部磁界が0になる完全反磁性を示します。これがマイスナー効果です。普通の金属でも反磁性を示すものがあるものの、超電導体はそれが非常に強力なのです。その超電導体に永久磁石を乗せると、磁束が侵入しないように反発力がはたらきますが、それに抗して磁石を超電導体に近づけると、磁束の一部が内部に侵入し固定されて動かなくなります。これを「ピン止め効果」といい、マイスナー効果とピン止め効果によって、永久磁石は超電導体上で安定的に磁気浮上します。

ただし、超電導リニアモーターカーが磁気浮上するのはマイスナー効果やピン止め効果によるものではありません。超電導磁石による強力な磁力と浮上用コイルで発生させた磁力との反発力で浮上します。

索　引（五十音順）

数字・英字

あ行

か行

さ行

た行

な行

は行

ま行

や行

ら行

わ行

参考文献

◎インバータドライブ技術(第3版)　安川電機・安川電機製作所 編集　日刊工業新聞社　2006年

◎「モータ」のキホン(イチバンやさしい理工系)　井出萬盛 著　SBクリエイティブ　2010年

◎最新 モータ技術のすべてがわかる本(史上最強カラー図解)　赤津観 監修　ナツメ社　2012年

◎SRモータ　見城尚志 著　日刊工業新聞社　2012年

◎最新 小型モータが一番わかる–基本からACモータの活用まで–(しくみ図解)　見城尚志・陳正虎・簡明扶 著　技術評論社　2013年

◎誘導モータのベクトル制御技術　新中新二 著　東京電機大学出版局　2015年

◎小型モーターの原理と駆動制御–省電力を実現–(設計技術シリーズ)　石川赴夫 著　科学情報出版株式会社　2019年

◎トコトンやさしい磁力の本(今日からモノ知りシリーズ)　山﨑耕造 著　日刊工業新聞社　2019年

◎きちんと使いこなす！「単位」のしくみと基礎知識　白石拓 著　日刊工業新聞社　2019年

◎メカトロニクスのモーター技術　見城尚志・佐渡友茂 著　技術評論社　2020年

※その他、多数の雑誌記事を参考にさせていただきました。

◉著者プロフィール

白石　拓（しらいし・たく）

本名、佐藤拓。1959年、愛媛県生まれ。京都大学工学部卒。サイエンスライター、作家。弘前大学ラボバス事業（文科省後援）に参加、「弘前大学教育力向上プロジェクト講師（2009～15年）。遺伝子から宇宙論まで幅広い科学分野の執筆に従事。週末は新極真会東京ベイ小井道場で汗を流す。

【主な著書】

・『医師の正義』（2008年宝島社刊）
・『ノーベル賞理論！ 図解「素粒子」入門』（2008年宝島社刊）
・『ここまでわかった「科学のふしぎ」』（2010年講談社刊）
・『透明人間になる方法 スーパーテクノロジーに挑む』（2012年PHP研究所刊）
・『太陽と太陽系の謎』（2013年宝島社刊）
・『地球46億年目の発見』（2014年宝島社刊）
・『異常気象の疑問を解く』（2015年廣済堂出版刊）
・『「ひと粒五万円！」世界一のイチゴの秘密』（2017年祥伝社刊）
・『きちんと使いこなす！「単位」のしくみと基礎知識』（2019年日刊工業新聞社刊）
・『最新 二次電池が一番わかる』（2020年技術評論社刊）

なお、2019年に刊行した単位の本は、単位の換算に焦点を当てた他に類書がない内容で、好評発売中です。

きちんと知りたい！
モータの原理としくみの基礎知識　NDC 537

2021年 9月 30日　初版 1 刷発行
2024年 9月 30日　初版 9 刷発行
（定価は、カバーに表示してあります）

©著　者　白石　拓
発行者　井水治博
発行所　日刊工業新聞社
東京都中央区日本橋小網町 14-1
（郵便番号　103-8548）
電　話　書籍編集部　03-5644-7490
販売・管理部　03-5644-7403
ＦＡＸ　03-5644-7400
振替口座　00190-2-186076
URL　https://pub.nikkan.co.jp/
e-mail　info_shuppan@nikkan.tech

印刷・製本　美研プリンティング(8)

落丁・乱丁本はお取り替えいたします。　2021 Printed in Japan
ISBN978-4-526-08157-6　C 3053